はじめに

「海上保安レポート2024」を手に取っていただきありがとうございます。

皆さんは「海上保安庁」と聞いて思い浮かぶことは何がありますか?

海上保安庁は、海の警察、消防、救急として、昼夜を問わず日本全国あるいは世界の海で国民の皆様の安全・安心を守っている組織です。海で犯罪が起きたとき、海で船舶などの火事が発生したとき、海で人が溺れたときをはじめ、海で起こるあらゆる事件・事故に対応しています。

海上保安庁の巡視船艇や航空機、そして海上保安官の存在は、海が身近な方にとっては、知られた存在ですが、そうでない方は見たこともないかもしれません。

「海上保安レポート2024」では、海上保安庁の存在を身近に感じて頂くため、特集「海をかけるひと」と題して、正義仁愛の精神に懸け、海を舞台に駆け回り、世界の海をつなぐ橋を架け、平和な海の継承という未来を描(か)ける海上保安官という「ひと」にフォーカスして、海上保安官の1日の仕事内容やスケジュール、現場などで活躍する海上保安官の声を盛り込んでいます。また、本編でも多くの海上保安官の声を紹介しています。

海上保安官は24時間365日、今この瞬間も、日本の海をはじめとした様々な場所で様々な業務に対応しています。日本を取り巻く安全保障環境が厳しさを増し、それに伴い海上保安庁の役割が重要になっていますが、令和の時代に入り、人材確保難や離職者の増加などの様々な課題にも直面しています。

海上保安庁では、これら課題の解決のため、業務の効率化や働きやすい職場環境の醸成などを推進し、海上保安官一人ひとりが、自身や家族との時間を充実させ、やりがいを持って働き続けてもらうための環境を整備し、国民の皆様のご期待に応え続けることができる組織を目指します。

本書をお読みになり、海上保安庁に対するご理解が少しでも深まり、また、海上保安官を志す方が増えれば幸いです。

令和6年5月

海上保安レポート 2024

特集｜海をかけるひと …… 011

海上保安庁の任務・体制

01 海上保安能力の強化を推進！

我が国周辺海域の情勢を踏まえ、令和4年12月に決定された海上保安能力強化に関する方針に基づき、海上保安業務の遂行に必要な6つの能力（海上保安能力）を強化することとしています。（海上保安能力強化の詳細は、53～57ページをご覧ください。）

令和5年12月22日には、「海上保安能力強化に関する関係閣僚会議」が開催され、日本の海の安全を守り抜くため、巡視船・航空機等の増強、関係機関との連携強化、新技術の活用などの取組を一層進めていくことが確認されました。

本方針に基づき、令和5年度には、関係機関との連携強化に関しては統制要領に基づく訓練や第3回**世界海上保安機関長官級会合**、新技術の活用に関しては無操縦者航空機3機による運用体制の確立等に取り組みました。今後も海上保安能力を一層強化し、警察機関として、法とルールの支配に基づく、平和で豊かな海を守り抜いていきます。

大型船の進水　　　　　　　外国海上保安機関との訓練

02 新技術の活用とサイバー対策の推進

昨今、科学技術の発展は目覚ましく、日々刻々と進歩しています。海上保安庁では、これまでも新技術の積極的な活用、情報通信システムの強靱化等のサイバー対策に取り組んでいるところであり、令和4年10月に無操縦者航空機「シーガーディアン」の運用を開始し、令和5年5月には3機体制とし、24時間365日の海洋監視体制を構築しました。

今後は、更にこの取組を推進するため、令和6年4月から新技術活用推進官というポストを設置しており、海上保安庁全体の新技術の導入を加速化させ、効果的かつ効率的な業務の遂行を目指すとともに、危険な業務への支援や回避に役立てることとしています。

現在、この取組の一環として大型ドローンの海上保安業務への活用について検討を開始しています。海上保安庁が保有している24時間以上の航続可能な無操縦者航空機、施設点検や被害状況確認のための小型ドローンの中間に位置する大型ドローンは、長い航続可能距離や可搬性を備えており、海難救助への先行投入、航路などの状況確認への活用が期待されます。

また、サイバーセキュリティ上の新たな脅威に対抗するため、令和5年4月にサイバー対策室を設置するとともに、多数の人工衛星を連携させて一体的に運用する「衛星コンステレーション」などの新技術について調査研究を行い、衛星通信回線の秘匿性強化や複数の衛星通信回線の導入による回線の冗長化などの情報通信システムの強靱化やサイバー対策を推進しています。

引き続き、新技術の積極的な活用に向け、日々刻々と進歩する新技術の最新の動向を俯瞰しながら、新技術の海上保安業務への導入やサイバー対策を進めていきます。

シーガーディアン（左から1号機、2号機）　　シーガーディアン（3号機）　　サイバー対策

03 災害への派遣等
～国際緊急援助隊派遣・海上保安学校学生等による災害復旧ボランティア～

国際緊急援助隊派遣

令和5年2月6日、トルコ南東部で大規模な地震が発生したことで広範囲にわたり家屋が倒壊し、多くの死傷者が発生しました。海上保安庁は、国際緊急援助隊・救助チームとして、**特殊救難隊**や各管区の**機動救難士**等から計14名を現地に派遣しました。現地はタンクに貯めた水が凍るほどの極寒であり、また余震の影響により家屋の崩壊が進むなど、非常に過酷な環境でしたが、一人でも多くの行方不明者を救助すべく、夜を徹して任務を遂行しました。

また、同年2月28日、フィリピン中部ミンドロ島沖で、タンカーが沈没し、付近海域及び沿岸域に重油と見られる油が漂流・漂着しました。海上保安庁は国際緊急援助隊・専門家チームとして、**機動防除隊**等から計5名を現地に派遣し、フィリピン沿岸警備隊と協力しながら油防除活動を実施するなど、高い専門知識や技術を駆使して任務を遂行しました。

海上保安庁は、国際緊急援助隊の一員として年間を通じ様々な訓練等を実施し、いつどこで起こるかわからない災害に備えています。

トルコにおける活動状況 （提供）JICA

フィリピンにおける活動状況 （提供）JICA

災害復旧ボランティア

令和5年8月、近畿地方を縦断した台風7号により甚大な被害を受けた舞鶴市久田美地区で、海上保安学校学生ら約80名が災害復旧活動を行いました。

8月15日に和歌山県潮岬付近に上陸した台風は勢力を落とすことなく日本海に抜け、海上保安学校のある舞鶴市では暴風が吹き荒れ、猛烈な雨が降り、特に山間部の久田美地区では土砂崩れや家屋の浸水が広範囲に発生するなど、大きな爪痕が残りました。高齢化が進む同地区復旧のため、舞鶴市や舞鶴市福祉協議会は災害ボランティアセンターを開設し、海上保安学校教職員・学生も災害復旧ボランティアに参加しました。

夏期休暇明けの学生約60名と教職員は、汗と泥にまみれ、ぬかるみに足を取られながらシャベルを使って住宅に流れ込んだ土砂の撤去や屋内の泥のかきだし、家具の搬出等を行いました。ボランティア活動を行った4日間は連日猛暑が続いたことから、小まめな水分補給や休憩を取るなど、熱中症に注意をしながら過酷な作業に汗を流しました。

ボランティアの合間には地域住民から「ありがとうございます」、「来てくれて助かります」等の感謝の声を掛けられ、ある学生は額の汗を拭いながら「自然災害の現場を初めて見た。少しでも役に立つことができて嬉しい。」と語り、充実感に満ち溢れた表情をしていました。

後日、舞鶴市長から謝意が伝えられ、日頃から海上保安学校を温かく見守っていただいている舞鶴市に少しでも恩返しができました。

家具の搬出作業を行う学生達

住宅の土砂かきだしを行う学生達

04 釧路航空基地に新たに機動救難士を配置

海上保安庁では、令和4年に発生した知床遊覧船事故を受け、北海道東部海域における救助・救急体制を強化するため、令和5年4月1日、第一管区海上保安本部釧路航空基地に新たに**機動救難士**9名を配置しました。

釧路航空基地に**機動救難士**配置後の令和5年6月25日には、釧路港沖を航行中のクルーズ船内の急病人をヘリコプターに吊上げ救助するなど、同基地の**機動救難士**として初の救助を行いました。

この他にも釧路航空基地の**機動救難士**は、数々の事案に対応し、北海道東部海域をはじめとする救助・救急体制の強化に大きく貢献しています。

一人でも多くの命を救うため、引き続き迅速な救助・救急体制を確保し、今後の海難救助に万全を期していきます。

釧路航空基地機動救難士発足式

釧路航空基地機動救難士

初の救助事案対応　　　　訓練状況

05 防衛省・自衛隊との連携強化

海上保安庁では、平素から防衛省・自衛隊との情報共有・連携に努めてきましたが、武力攻撃事態における対応も含めて連携を強化することは、厳しい安全保障環境の中で、あらゆる事態に対応する体制を構築する上で重要です。

こうした観点から、令和5年4月28日に、自衛隊法第80条に基づく、防衛大臣による海上保安庁の統制について、その具体的な手続きを定める統制要領が策定されました。統制下に入った海上保安庁は、海上保安庁法に規定された所掌事務の範囲内で、非軍事的性格を保ちつつ、国民保護措置や海上における人命の保護等を実施することとなり、国民の安全に寄与する極めて重要な役割を担います。

同年5月及び6月には、防衛省・自衛隊と、本要領に基づく共同訓練を実施しました。

今後とも武力攻撃事態を含めたあらゆる事態に適切に対応できるよう防衛省・自衛隊との連携強化を推進していきます。

特殊標章*を掲げた実動訓練中の巡視船

＊国民の保護のための措置を行う人や場所等に明示するマーク。この標章を掲げている場合、ジュネーブ条約及び追加議定書によって保護される。

06 ゾクゾク再開！海保のイベント!!

新型コロナウイルス感染症の感染症法上の位置づけが5類感染症に移行されたことにより、海上保安庁では、実施を取りやめていた各イベントをコロナ禍前に実施していた規模で、順次再開しました。

海上保安庁音楽隊では、令和5年11月9日に東京芸術劇場（東京都豊島区）において「第29回定期演奏会」を開催しました。4年ぶりに一般公募や、海上保安友の会などから応募を受け付けた結果、約1,600名の方々が来場されました。

また、全国各地の海上保安部署等では、巡視船艇の一般公開、体験航海などのイベントを開催しました。

久々の開催となるイベントもあり、多くの方々に来場いただきました。体験航海では、普段見ることのできない巡視船を大人子供問わず興味津々の様子で船内外を見学していただきました。

これからも海上保安庁は、国民の皆様に楽しんでいただけるような演奏や当庁業務の理解、海上安全の啓発などに繋がるイベントの開催に取り組んでいきます。

第29回定期演奏会　　　　福山　巡視船いよ一般公開
　　　　　　　　　　　　　　（ふくやまプチ港まつり）

室蘭　巡視船れぶん一般公開　　浜田　巡視船いわみ体験航海

07 地域観光振興に灯台を利活用
～灯台活用の推進～

航行する船舶の指標となる灯台は、船舶交通の安全と船舶の運航能率の増進を図ることで国民の生活や経済活動を支える重要な交通インフラです。一方、灯台の中には、歴史的・文化的な価値を有するものや、周辺の風景と調和して美しい景観を生み出しているものなどが多くあり、地方公共団体や観光協会などが中心となって、貴重な観光資源として地域活性化のために活用しています。

海上保安庁は地方公共団体などによる灯台の活用を支援しており、灯台の一般公開やライトアップ、企画展や講演会など様々なイベントが全国各地の灯台で行われるなど灯台の活用が進んでいます。

石狩灯台を積極的にPRしたとして、「石狩灯台お兄さん」へ名誉灯台長の称号を授与しました。

中上：灯台ワールドサミットが島根県出雲市で開催され、出雲日御碕灯台では地元グルメや特産品の販売や特設ステージコンサートなどが行われました。
右上：伊勢志摩の菅島灯台及び安乗埼灯台が点灯から150年を迎えたことを記念して、有識者による講演会や海上保安庁音楽隊によるコンサートなどを開催しました。
右下：「ひょっこりひょうたん島」のモデルとされる蓬莱島の大槌港灯台が点灯から70年を迎えることから、地元町民文化祭の開催に合わせてライトアップを行いました。

08 G7広島サミットおよび関係閣僚会合への対応

令和5年5月に広島県においてG7広島サミットが開催され、またそれに併せて同年12月まで、全国各地で関係閣僚会合が開催されました。

特に、今回のサミットでは、会議場が海に囲まれた臨海部にあったことに加え、各国の首脳等が会議場と訪問先の宮島との間を海上移動することも計画されていたことから、海上保安庁においては、80隻を超える巡視船艇やヘリコプター、さらには無操縦者航空機「シーガーディアン」等を全国から集結させるとともに、全国から集めた職員約550名を動員し、万全の体制で海上警備・警護にあたりました。

G7広島サミット及び関係閣僚会合の各開催地を所管する各管区海上保安本部では、警察等関係機関との事前訓練等による連携強化はもちろんのこと、会議場等周辺海域に民間船の「航行自粛海域」や「事前通報対象海域」を設定するとともに、海上における不審者、特異な行動を行う船舶等の通報を海事・漁業関係者へ依頼するなど、地元の方々のご理解・ご協力を得ながら、官民一体となってテロ対策に取り組み、海上警備・警護を完遂することができました。

▶詳細は、「治安の確保」P.081

配備に向かう海上保安官　　全国から集結した巡視船艇

09 第3回 世界海上保安機関長官級会合を開催
~For Peaceful, Beautiful and Bountiful Seas~

海上保安庁は、令和5年10月31日、11月1日の2日間にわたり、「第3回世界海上保安機関長官級会合」を日本財団と共催しました。

令和元年の第2回長官級会合以降、コロナ禍を経て4年ぶりの開催となりましたが、世界中から過去最大となる87の国・地域から96の海上保安機関等のリーダー等が出席し、議長は海上保安庁長官が務めました。

会合に先立ち10月30日に開催されたウェルカムレセプションでは、岸田文雄内閣総理大臣が『この会合において、対話によって課題解決の道を求める、そして国々の結束が一層強く結ばれる、こうしたことを確信しております。』と挨拶しました。

岸田内閣総理大臣挨拶　　國場国土交通副大臣挨拶

令和5年　第3回世界海上保安機関長官級会合

また、会合冒頭では、國場国土交通副大臣が、『私たちのかけがえのない平和で豊かな海を次世代に継承するため、この世界海上保安機関長官級会合という貴重な枠組みを最大限活用し、皆さんの連携・協力関係を深め、世界規模の複雑な課題に対し、共に立ち向かっていただければと思います』と述べました。

会合においては、会合運営ガイドライン、情報共有手法、人材育成や先進的な取組などについて議論が行われるとともに、

- 海上における安全確保、遭難・災害への準備、海洋環境保全、国際海洋法を前提とした法の支配に基づく海洋秩序の確保が、世界中の人々が安心して海を利用し様々な恩恵を享受するための不可欠な基盤であること
- この枠組みがより機能的・持続可能となったことを認識し、世界の海上保安機関間の連携・協力のプラットフォームとして引き続き機能させていく必要性
- "the first responders and front-line actors"たる海上保安機関等が直面する課題を克服し、"Peaceful, Beautiful and Bountiful Seas"（平和で美しく豊かな海）を次世代に受け継ぐために、海上部門における共通の行動理念への理解を深め、全世界の海上保安機関能力を向上させることの重要性を改めて確認しました。

10 羽田空港滑走路における当庁航空機衝突事故

令和6年1月2日午後5時47分頃、羽田空港のC滑走路上にて、令和6年1月1日に発生した「令和6年能登半島地震」の被災地へ支援物資を輸送する任務にあたっていた海上保安庁航空機MA722（ボンバル300）と日本航空機JAL516便が衝突する事故が発生しました。

当該衝突事故では、日本航空機の乗員乗客379名は全員脱出できましたが、海上保安庁航空機の乗員については、6名中5名が殉職し、1名が重傷を負いました。

事故の原因については、運輸安全委員会による調査が行われていますが、海上保安庁では、事故当日に現場に対し、安全運航の徹底を指示したほか、令和6年1月5日に各種マニュアルの緊急点検や、その履行状況の確認などを行う緊急安全点検を実施し、安全意識の高揚と事故防止のための基本事項の徹底を図りました。

引き続き、関係機関と連携して安全対策の強化を図るとともに、今後の事故調査によって判明した事実に基づき、更なる安全対策を講じていきます。

海上保安庁としましては、事故を二度と起こさないという決意のもと、航空機はもちろん、船艇についても安全運航を強く推進していき、国民の皆様の期待に応えていきます。

11 我が国の大陸棚がさらに延長します

令和5年12月、小笠原群島父島の東側に位置する小笠原海台海域の大部分を我が国の延長**大陸棚**として定めることが可能となりました。我が国の国土面積の約3割に当たる約12万km²の海域を延長**大陸棚**に追加することで、**国連海洋法条約**に基づき、我が国がこの海域を探査し海底下に存在する天然資源を開発するための主権的権利が認められます。この海域を延長**大陸棚**に設定するため、関係省庁で連携し政令の制定に着手しています。

国連海洋法条約では、**領海の基線**から外側200海里を越えて、地質的・地形的な連続性が認められれば、**大陸棚**を延長することが可能です。

海上保安庁では、昭和58年以来25年間**大陸棚**調査を実施し、その結果を基に、我が国は平成20年11月に「**大陸棚**限界委員会」に**大陸棚**の延長を申請しました。平成24年4月、我が国の国土面積の約8割に当たる4海域、約31万km²の**大陸棚**の延長が認められる勧告を**大陸棚**限界委員会から受領しました。この**大陸棚**の延長が認められた海域のうち、四国海盆海域及び

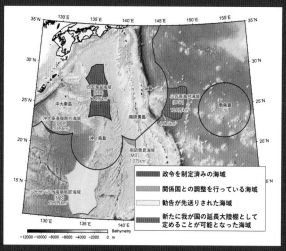

沖大東海嶺南方海域は、平成26年10月に我が国初の延長**大陸棚**として政令で設定されています。残る海域のうち、小笠原海台海域に関しては、今般関係国である米国との調整が進捗し、延長が可能となりました。

残る海域については、引き続き関係国との調整を行うとともに、勧告が先送りされた海域については、**大陸棚**限界委員会により早期に勧告が行われるよう努力を継続していきます。

12 海上保安大学校・海上保安学校の卒業式

　令和5年9月24日（日）に京都府舞鶴市で行われた海上保安学校卒業式、令和6年3月23日（土）に広島県呉市で行われた海上保安大学校卒業式・修了式に斉藤国土交通大臣が出席しました。

　斉藤国土交通大臣は、海上保安大学校卒業生・修了生に向けた祝辞の中で、「ここ海上保安大学校で皆さんが積み重ねてきた努力や仲間との絆は困難を乗り越える力となります。自信をもって現場に臨んでいただき、国民に寄り添う幹部海上保安官として大いに活躍されますことを強く期待しています。」と、激励の言葉を送りました。

　また、令和6年3月24日（日）に行われた海上保安学校卒業式に國場国土交通副大臣が出席しました。

　國場国土交通副大臣は、祝辞の中で、「皆さんが積み重ねてこられた努力や仲間との絆は、大きな力となるはずです。国民の期待に応え、活躍されることを大いに期待しています。」と、激励の言葉を送りました。

卒業生の門出を笑顔で見送る斉藤国土交通大臣

行進展示を視閲する國場国土交通副大臣

海上保安大学校卒業生と斉藤国土交通大臣による記念撮影

海上保安学校卒業生と國場国土交通副大臣による記念撮影

卒業生答辞

正義仁愛の精神に懸け、

海を舞台に駆け回り、

世界の海をつなぐ橋を架け、

平和な海の継承という未来を描く、

海上保安官を紹介します。

特集 海をかけるひと

特集1 ～正義仁愛の精神に懸ける～

- 海上保安庁とは?
- 海上保安庁の任務とは?

特集2 ～海を舞台に駆け回る～

- 海上保安官の職場は?
- 海上保安庁のスペシャリスト集団
- 海上保安官の1日
- 職員の声
- 待遇
- 海保の働き方

特集3 ～目指せ! 海上保安官～

- 海上保安官になるには?
- 海上保安大学校
- 海上保安学校
- 採用試験
- キャリアアップモデルコース
- よくある質問　FAQ
- 様々な研修
- ほかにも! 海上保安官への道

特集1 ～正義仁愛の

海上保安庁とは？

海上において
警察や消防などの
様々な役割を担います。

海上保安庁は、国土交通省（旧運輸省）の外局として1948年に発足しました。以来、海上や沿岸における犯罪の取締り、**領海**警備、海難救助、海洋環境保全、災害対応、海洋調査、船舶の航行安全などに取り組んでいます。いわゆる海上での"警察"や"消防"に加え、海洋環境保全や海洋調査などの役割も担っています。

精神に懸ける〜

海上保安庁が守るエリア

- 領　土 ………… 約　38万km²
- 領　海 ………… 約　43万km²
- 排他的経済水域 … 約406万km²
- 延長大陸棚 ……… 約　18万km²

排他的経済水域

領土

第一管区

領海

第九管区

第二管区

第八管区

第七管区

第三管区

第六管区

第四管区

第五管区

第十管区

第十一管区

延長大陸棚*

日本の領土は約38万km²で、世界61位の面積です。しかし、主権がおよぶ**領海**、漁業や天然資源開発を自由に行える**排他的経済水域（EEZ）**は約447万km²と領土の約12倍で世界でも10位以内の面積を誇ります。海上保安庁はこの広大なエリアを11の管区に分けて24時間365日守り続けています。

＊「排他的経済水域および大陸棚に関する法律」第2条第2号が規定する海域の海底およびその下。

■本文中の**太字の語句**は、166ページからの「語句説明」に解説を掲載しています。

生命を救う

　海上保安庁では、海の危険性や**自己救命策**確保の必要性について国民への周知・啓発活動を行い、海難未然防止に努めています。海難が発生した際には、強い使命感のもと、迅速な救助・救急活動を行い、尊い人命を救うことに全力を尽くしています。

治安の確保

　「海」は海上輸送の交通路であり、水産資源等を生む漁業等の活動の場となっているだけでなく、国の治安を脅かすテロや密輸・密航、漁業秩序を乱す密漁など、様々な犯罪行為が行われる場にもなります。海上保安庁では、海上で行われるこうした様々な犯罪行為の未然防止や取締りに努め、安全で安心な日本の海の実現を目指します。

海上保安庁の任務とは？

災害に備える

　海上での災害には船舶の火災、衝突、乗揚げ、転覆、沈没などに加え、それに伴う油や有害液体物質の排出といった事故災害と、地震、津波、台風、大雨、火山噴火などによる自然災害があります。海上保安庁では、事故災害の未然防止のための取組や自然災害に関する情報の整備・提供なども実施しています。災害の発生時には関係機関とも連携して、被害を最小限にするよう取り組んでいます。

海を知る

　海洋権益の確保や海上交通の安全、海洋環境の保全や防災のために、海洋に関する詳細な調査を実施し、得られた情報を適切に管理・提供していくことが不可欠です。海上保安庁では、広域かつ詳細な海洋調査を計画的に実施し、情報を適切に管理・提供することで、海洋権益の確保や海上の安全を図る役目を担っています。

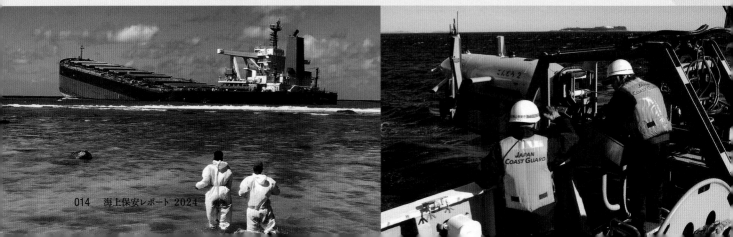

領海・EEZを守る

　尖閣諸島周辺海域では、ほぼ毎日、中国海警局に所属する船舶の活動が確認されるなど、我が国周辺海域は依然として厳しい情勢が続いています。海上保安庁では、国際法や国内法に基づき、昼夜を問わず外国公船、外国海洋調査船による活動や、外国漁船などによる違法操業の監視などを実施しています。

青い海を守る

　私たちの共通の財産である海を美しく保つため、海洋汚染の状況調査、**海上環境関係法令**違反の取締りを行うとともに、「未来に残そう青い海」をスローガンに、海洋環境保全に関する指導・啓発などに取り組んでいます。

海上の安全および
治安の確保を図ること。

海上保安庁業務紹介
〜海を愛し、海を守る〜

海上交通の安全を守る

　日本の周辺海域では、毎年約1,900隻の船舶による事故が発生しています。ひとたび船舶事故が発生すると、尊い人命や財産が失われるとともに、経済活動や海洋環境に多大な影響を及ぼすこともあります。海上保安庁では、船舶が安全に航行できるよう、光や電波を利用した航路標識の整備・保守や**海の安全情報**を提供するなど、海上での事故を防ぐため、様々な安全対策を実施しています。

海をつなぐ

　海の安全確保のために諸外国の海上保安機関との間で、多国間・二国間の枠組みを通じ、**海賊**、不審船、密輸・密航、海上災害、海洋環境保全、海上交通の安全といったあらゆる課題に取り組み、法の支配に基づく自由で開かれた海洋秩序の維持・強化を図るとともに、シーレーン沿岸国の海上保安能力向上を支援するほか、国際機関と連携した様々な取組を行っています。

■本文中の太字の語句は、166ページからの「語句説明」に解説を掲載しています。

特集2 ～海を舞台に

海上保安官の職場は？

海、空、陸、さまざまな
フィールドで活躍できます。

海上保安官という言葉どおり、働く拠点の多くは海から近い場所にありますが、船の上で働く人は海上保安官の約半数。残りの半数は陸や空で働いています。このほか、**特殊救難隊**、特殊警備隊、**機動防除隊**、**潜水士**、国際捜査官、鑑識官、情報処理官、大洋調査官など各分野のスペシャリストとしてのキャリアパスも個人の能力や適性に応じて開かれています。

船長
船舶運航の全般を統括し、指揮監督する最高責任者です。

業務管理官
業務計画などを企画立案し、船長を補佐する業務監督責任者です。

航海科職員 （操舵室）
（航海長、首席航海士、主任航海士、航海士、航海士補）
操船、見張り、航海計画の立案、船体の手入れなどを担当します。

通信科職員 （通信室）
（通信長、首席通信士、主任通信士、通信士、通信士補）
一般船舶や他の巡視船艇との通信、通信機器の整備などを担当します。

駆け回る〜

駆け回る〜

海 ― 船艇

●航海科職員	操船、見張り、航海計画の立案、船体の手入れなどを担当
●機関科職員	エンジンの運転や整備、燃料油の管理などを担当
●通信科職員	巡視船艇や一般船舶との通信、通信機器の整備を担当
●主計科職員	庶務や経理、物品などの管理、調理、看護などを担当
●運用司令科職員	情報の収集・分析、対処方針の立案・調整を担当
●航空科職員	ヘリコプター搭載型巡視船に乗り、ヘリコプターの操縦や整備、航空通信を担当
●観測科職員	測量船に乗り、日本周辺海域の観測・調査を担当

空 ― 航空機

●飛行科職員	航空機の操縦を担当
●整備科職員	航空機の機体整備などを担当
●通信科職員	通信機器の操作などを担当

陸 ― デスクワーク

●総務業務	政策の企画・立案や総合調整、広報、職員の人事や福利厚生などを担当
●経理補給業務	予算の執行、施設や物品などの管理を担当
●装備技術業務	船舶の建造および維持に関する業務のほか、技術的事項の調査を担当
●情報通信業務	情報通信システムの整備、管理などを担当
●警備救難業務	領海警備や海上犯罪の捜査、海難救助、巡視船艇・航空機の運用調整を担当
●海洋情報業務	海洋情報の収集・提供、海図の作製などを担当
●海上交通業務	海上交通ルールの設定や航路標識の管理、海難の調査などを担当

飛行甲板 / ヘリコプター搭載型巡視船 / OIC区画

航空科職員
(航空長、首席飛行士、主任飛行士、
飛行士、飛行士補、首席整備士、
主任整備士、整備士、整備士補、
首席航空通信士、主任航空通信士、
航空通信士、航空通信士補)

ヘリコプターの操縦、整備、航空通信を担当します。

運用司令科職員
(運用司令長、首席運用司令士、
主任運用司令士、運用司令士、
運用司令士補)

情報の収集・分析、対処方針の立案・調整を担当します。

機関科職員
(機関長、首席機関士、主任機関士、
機関士、機関士補)

エンジンの運転や整備、燃料油の管理などを担当します。

機関室 / 調理室

主計科職員
(主計長、首席主計士、主任主計士、
主計士、主計士補)

庶務や経理、物品などの管理、調理、看護などを担当します。

海上保安庁のスペシャリスト集団

海保の有名なスペシャリスト

■特殊救難隊
高度な知識・技術を必要とする特殊海難に対応する能力を有した海難救助のスペシャリスト。通称「トッキュー」。

■特殊警備隊
銃器等を使用した凶悪犯罪、シージャック、有毒ガス使用事案等高度な知識・技術を必要とする警備事案に対応するスペシャリスト。

■機動防除隊
海上に排出された油、有害液体物質等の防除や海上火災の消火および延焼等の海上災害の防止に専門的な知識を持って対応するスペシャリスト。

■潜水士
転覆船、沈没船等から要救助者の救出や行方不明者の潜水捜索等を行う。

■国際捜査官
外国語（ロシア語、中国語、韓国語等）を駆使して外国人犯罪の捜査等を行う。

そのほかの様々なスペシャリスト

■特別警備隊
違法・過激な集団による海上デモや危険・悪質な事案、テロ警戒等に対応します。

■携行武器指導官
携行武器の使用・知識・判断能力等の指導を行います。

■救急救命士・救急員
海難等により生じた傷病者を医療機関等へ搬送するまでの間、容態に応じた適切な救急救命処置又は応急処置を実施します。

■機動救難士
海難発生時にヘリコプターで出動し、迅速に吊上げ救助を行う航空救難の専門家です。

■国際組織犯罪対策基地
密輸・密航等の国際的な組織犯罪を摘発するため、情報収集や分析、捜査活動を行います。

■ソマリア周辺海域派遣捜査隊
海賊対処のために海上自衛隊の護衛艦に同乗し、海賊の逮捕等に備えつつ、自衛官とともに海賊行為の監視活動等を行います。

■海上交通センター運用管制官
海上交通の安全を図るため、船舶の安全運航に必要な情報の提供と航行管制を行います。

■AIS運用官
AIS情報に基づいて、乗揚げの防止など航法に関する指導及び船舶交通に関する情報の提供を行います。

■航行援助管理官
灯台や灯浮標等の航路標識の機能を維持するため、定期的に点検を行っているほか、航路標識に事故が発生した場合には、迅速に復旧作業を実施しています。

■南極地域観測隊
南極地域観測隊の一員として、南極周辺海域の海底地形調査や潮汐観測等を行います。

■サイバーセキュリティ対策官
外部からのサイバー攻撃から海上保安業務を支える基幹システム等を守っています。

■情報処理官
海上保安業務を支える基幹システム等の維持管理のため、運用状況を常時監視し、障害発生時には、復旧を行います。

■警備系　■救難系・防災系　■国際系　■捜査系　■航行安全系　■整備系
■海洋調査系　■システム系　■教育　■音楽　■他機関への出向

運用司令センター運用官
118番の受付、事件・事故発生時における船舶・航空機への指示、関係機関との連絡調整等を行います。

探索レーダー士
航空機に搭乗し、レーダー等を駆使して遭難船舶の発見等の捜索・監視業務を行います。

無操縦者航空機運用官
無操縦者航空機の運用を指揮・監督し、取得した情報の処理を行います。

機動情報通信隊
災害現場等に出動し、本庁、管区海上保安本部へリアルタイムに現場映像を伝送します。

国際緊急援助隊
海外で大規模な災害が発生した場合、被災国政府等の要請に応じ、救助や災害復旧等を行います。

派遣協力官
海上保安庁モバイルコーポレーションチーム（MCT）に所属し、外国海上保安機関に派遣され、能力向上支援を行います。

JICA長期専門家
発展途上国の海上保安分野に関する能力向上支援を行います。

外交官
アジアや欧米等諸外国の在外公館において外交官等として活躍します。
※外交官として出向

制圧指導官
現場の海上保安官の制圧訓練の指導にあたる「制圧術の専門家」です。

試験研究官
海上における犯罪捜査に関する試験・研究、鑑定・検査や船舶交通の安全の確保のために使用する機器の試験・研究を行っています。

犯罪情報技術解析官
犯罪捜査の支援のため、事件現場等に出動し、航海計器、携帯電話等に残された電磁的記録の解析を行います。

鑑識官
捜査の現場において、科学的知識・技能を駆使して、指紋や血液等の重要な証拠の採取・分析を行います。

建築士
海上保安庁が管理する航路標識等の施設の設計業務等を行います。

航空機技術官
業者へ委託する整備に関し、実施内容の検討や整備工程の管理等を行い、海上保安業務を支えます。

船舶工務官
船舶の建造や維持に関する業務を担当し、海上保安業務を支えます。

武器技術官
船舶に搭載される武器等の製造や維持に関する業務を行い、海上保安業務を支えます。

海洋防災調査官
地震・火山噴火等への防災に資するため、海底地殻変動観測や海域火山の監視観測を行います。

大洋調査官
海底地形や地殻構造等の調査を実施し、取得したデータの解析および資料作成を行います。

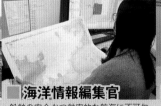

海洋情報編集官
船舶の安全かつ効率的な航海に不可欠な**海図**や、**海図**を最新の状態に維持するための補正図等の編集を行います。

海洋調査官
海図作成のため、海底地形調査や潮位観測等を実施し、取得したデータの解析および資料作成を行います。

教育機関教官
海上保安大学校等の教育機関において、学生に対し高度かつ専門的な授業を行います。

音楽隊
音楽を通じて、広報活動の効果を高めるとともに、当庁職員の士気の高揚を図ります。

出向機関：JAXA
国土交通省や都道府県警察等、他機関で活躍します。

海上保安官の1日 ~私が海上保安官になったら~

巡視船艇乗組員の1日

07:30	08:00	08:15		11:00	11:30
帰船	課業整列	立入検査		緊急出港	昼食

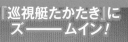

『巡視艇たかたき』にズ——ムイン！

巡視艇乗組員（航海士補）のとある1日

ブリーフィング（一日の船の予定等）に参加

港内停泊中の船舶へ、立入検査

緊急出港　船首側で甲板作業
出港後、操舵配置

07:30	08:00	08:30	09:00	09:45		11:30
	課業整列	出港準備	出港	休息	救難訓練	昼食

『巡視船だいせつ』にズ——ムイン！

巡視船乗組員（航海士補）のとある1日

ブリーフィング（一日の船の予定等）に参加

船尾側で甲板作業

船毎に味が違う船飯。
乗組員の一番の楽しみ！

パイロットの1日

08:30	08:45	09:30	10:00	10:30
出勤	飛行前準備	ブリーフィング	飛行前点検	離陸（業務対応）

『ボンバル300おおわし』にズ——ムイン！

パイロット（飛行士）のとある1日

航空情報等を確認のうえ、飛行計画を作成し、機長とミーティング

機上、陸上の関係者で行うブリーフィングに参加

飛行する機体の異常の有無を確認

テイクオフ！
海上パトロールを実施

巡視艇や小型の巡視船は、湾内や沿岸等、身近な海域を活動範囲とし、日帰りや数日間の洋上しょう戒（海域のパトロール）のほか、海上犯罪捜査や海難救助などの突発事案にその機動力を活かし迅速に対応します。

＊大型の巡視船は、出港後24時間体制でしょう戒等を行うため、乗組員は交代で航海当直にあたります。基本的には0〜4時と12〜16時勤務、4〜8時と16〜20時勤務、8〜12時と20〜24時勤務の三交代制です。
※場合によっては超過勤務として働くことがあります。

17:30 入港 / 19:00 上陸 / 海難対応

海難船舶のえい航作業
対応終了 基地に入港 船尾側で甲板作業
捜査中の事件にかかる書類作成 停泊当直を残し、帰宅

海難現場へ急行中。交代で食事をとり、美味しい船飯で力をつけて、海難現場で活躍します！

12:00 海難対応 / 16:00 休息 / 17:30 風呂 / 23:30 航海当直＊

海難発生情報！行方不明者の捜索に従事

対応終了後、航海当直以外の時間は各々自由に過ごします
巡視船のお風呂は広く、3人で入ってもまだ広い！
0時からの航海当直に備え、暗闇に目を慣らし、航海計画を確認

航空機は、全国の海上保安航空基地・航空基地等に配備され、その優れた機動力と監視能力によって、海洋秩序の維持、海難救助、海上災害の防止、海洋汚染の監視取締り、海上交通の安全確保等に従事するほか、火山監視や沿岸域の測量等に活躍しています。

14:00 着陸 / 14:15 飛行後点検 / 15:30 飛行後ブリーフィング / 16:00 事務作業 / 17:15 帰宅

無事ランディング パトロール異常なし
飛行後、機体の異常の有無を確認
飛行後ブリーフィングを実施

■本文中の太字の語句は、166ページからの「語句説明」に解説を掲載しています。

特殊救難隊の1日

09:05	09:25	10:00		12:00	13:00
課業整列・朝体操		訓練・訓練検討会		体力錬成・昼食	

容疑点検・体操後の
トレーニングも行います！

駐機状態での吊上げ救助訓練　訓練後の
ブリーフィングで課題点の洗い出し

昼休みは体力錬成！！
からの〜お待ちかねランチ

本庁職員（係長）の1日

09:00	09:30	メールチェック	打合せ	資料作成	12:00
出勤	勤務開始				昼食

本庁係長のとある1日

他省庁からの依頼メールを確認

庁内関係課との打合せ

特殊救難隊は、海上保安庁職員14,681人のうち38人で構成されていて、高度な知識・技術を必要とする特殊海難に対応する能力を有した海難救助のスペシャリストです。

	16:30	17:00	17:50
海難対応 ヘリで出動（吊上）	撤収後作業	海難対応後ブリーフィング	帰宅

必要資機材を積込み、海難現場へヘリで急行！要救助者を吊上げ救助！

救助完了！使用資機材の確認

当直を残し帰宅

海難対応後のブリーフィングを実施

　海上保安庁の本庁は、霞が関に庁舎があります。本庁には、各部（総務部・装備技術部・警備救難部・海洋情報部・交通部）があり、基本的な政策の策定・他省庁との調整・国会対応等を行い、海上保安行政の「舵取り」を担っています。
　今回、紹介する総務部政務課企画係は、海上保安庁の施策の総合調整（他省庁との調整も含む）がメインの業務で、海上保安庁の窓口です。毎日、多くの案件を扱い、部内調整や対外調整を行っているほか、国会対応等も行っています。実は、業務の隙間を見つけ、本紙の作成も当係で行っています！

13:00				18:15
勤務再開	資料作成	国会答弁作成	緊急案件対応	国会対応等ののちに帰宅

ほっと一息昼休憩

作成した資料を幹部に説明

他省庁からの至急の依頼メール
関係課へ連絡、調整

職員の声

Boys be Ambitious！！

福岡海上保安部 巡視船あそ
主任航海士
木村 隆雅

「自分の手で多くの人を助けたい。」そんな思いから、私は海上保安官を目指しました。一般大学を卒業してからでも、幹部海上保安官としてのキャリアを積めることに魅力を感じ、初任科を選びました。現在は、赴任1年目ですが、指揮官として操船や甲板指揮、現場班長などの仕事をしています。

昨今の世界情勢から、法執行機関としての海上保安庁の国際的重要度が増し、業務も多様化しています。巡視船艇では、**領海**警備や犯罪取締りなど、現場の最前線で様々な業務を行い、国民の負託に応えられるよう、日々活動しています。そして、海でしか見ることができない世界、考え方が、現場にはあります。今まで経験したことのない緊張感やダイナミズムを感じながら仕事ができること。それが海上保安官のやりがいです。

海洋調査で海を守る！

海上保安庁 海洋情報部
沿岸調査課 沿岸調査官付
藤田 栞菜

未知の海を調査してみたいという思いから、海上保安学校海洋科学課程へ入学しました。卒業後は、管区本部の海洋情報部で測量・海象（海の流れや潮汐など）・**自律型海洋観測装置（AOV）**の海洋調査業務を経験しました。海洋調査業務は、陸上で解析等をすることもあれば、船上で作業することもあります。現在は、本庁にて管区AOV調査のとりまとめを担当しています。

AOVは、燃料を使わず波の上下動を利用して自律航走する遠隔操作可能な海洋観測装置です。時代の流れに合った最新機器を用いて海洋権益に関わるデータ等を取得しており、海洋立国の重要な役割の一端を担っていると実感しています。

ありがとうの言葉を励みに！

第五管区海上保安本部
経理補給部 補給課 補給調達官
河合 寛子

学生時代に船でアジアの国々を周遊した経験から、海を舞台に働く職業に憧れ、海上保安官になりました。巡視船で勤務していた時は、主計科職員として船での調理や事務を行う傍ら海難救助や**領海**警備業務等にあたり、陸上職員となった現在は、経理補給部で現場を裏で支える業務を行っています。

補給課は、予算執行のための最初の窓口であり、各担当者から現場で必要な物品や修理、時には急を要する調達の相談や依頼が飛び込んでくるため、適時に調達できるよう担当者と打合せ、連携して契約事務を行っています。各担当者がかけてくれる「ありがとう」の言葉が励みになっています。

繋げレスキュー魂!

第三管区海上保安本部
羽田特殊救難基地 特殊救難隊 隊長
川田 匡剛

　私が海上保安学校を卒業した平成16年に、富山港で海王丸座礁事故が発生し、その際に荒天下で救助活動に当たる**特殊救難隊**の姿に強い衝撃を受け、**特殊救難隊**員になることを決意しました。

　その後、小樽海上保安部の巡視船勤務中に**潜水士**となり、**機動救難士**を経て**特殊救難隊**員となりました。現在は隊長として部下を指揮する立場となり、後輩隊員を指導する役割を担っています。

　「できないことをできるように、自分の限界を突破しよう!」という思いと**特殊救難隊**のオレンジ服に込められた使命を胸に、助けを待つ1人でも多くの方に寄り添えるように日々精進し、更に成長していきたいと思います。

海上保安庁の船艇の"アレ"を一手に担う!

第六管区海上保安本部
船舶技術部 技術課 船舶工務官付
髙田 真彦

　船舶工務官は、各現場で颯爽と大海原駆ける当庁船艇の、建造や修理に関するマネージメントおよび当庁船艇の性能維持に関する乗組員への技術指導などを行っています。多種多様な業務をこなす毎日ですが、船舶工務官による技術指導で故障が復旧して乗組員からの感謝の声を受け取ったときや、自身が関わった新造船が現場で活躍する姿を見る度に、船艇の建造・性能維持への熱い血潮がたぎります。脈々と受け継がれる船舶工務官の知見を底力に、今後も海上保安業務遂行の礎となる当庁船艇の建造・性能維持業務を闘志溌剌に邁進していきたいと思います。

海上保安庁の政策判断を担う!

海上保安庁 総務部
政務課 企画係
橋口 湧斗

　海に関わる仕事がしたいと海上保安学校に入学。現場(船・陸上)を経て、重要なポストを経験してみたいと特修科へ。

　現職は、海上保安庁の重要政策の調整などを行う重要なポストであるため、激務が続くこともありますが、自分が頑張った案件が政府の文書に記載された際などの達成感はひとしおです。海上保安官は、2〜3年で異動があり、その時はきつくても、2〜3年後には、全く違う環境で勤務することになり、多様性のある職種です。ここでの経験が次の業務で活きることもあり、様々な経験を積めるこの仕事にやりがいを感じます。

待遇

海上保安大学校・海上保安学校

[身分]
採用とともに、国家公務員としての身分が付与されます。
国家公務員となりますので、副業は行うことができません。

[社会保障]
国土交通省共済組合員としての保険が適用され、各種社会保障も充実しています。

[厚生]
寮内の医務室に看護師が勤務し、保健指導と診察を受けることができます。寮内に売店、理髪店もあり利用することができます。

[給与]
毎月約16万円の給与が支給されます。
※初任科は毎月約19万円。

[授業料など]
入学金、寄付金、授業料は一切不要となります。
制服や生活に必要な寝具類はすべて貸与されます。

[休日]
週休2日制で、原則土日・祝日は休日となります。
金・土曜日の夜など、休日の前日は外泊も可能です（許可制）。
長期休暇もあり、この間は寮を閉鎖し、全学生が実家などに帰省することとなります。

※海上保安大学校:夏季4週間、冬季2週間、春季3週間。
　海上保安学校:夏季2週間、冬季1週間

現場配属後（海上保安官）

[勤務時間・休暇]
●週休2日制
●巡視船艇勤務の場合は、不定休。
　陸上勤務の場合は、基本的に土日・祝日が休日。
　ただし、勤務先によって変わることもあります。
●緊急対応などのために休日出勤もあります。
　ただし、この場合は、代休または手当てが支給されます。
　　●年次休暇（年20日、20日を限度として翌年に繰越可）
　　●特別休暇（結婚、出産、忌引、夏季休暇、ボランティア休暇など）
　　●病気休暇（負傷、疾病による場合）
　　●介護休暇
　　●育児休暇

[給与]
海上保安庁の給与（諸手当を含む）は、一般職の国家公務員の給与に関する法律等の法令の定めに従い支給されています。
以下に海上保安官の月収の例を紹介します。

　　例1：保安学校卒、大型巡視船の士補、
　　　　25歳、独身（4／1入学時18歳）… 約27万円

　　例2：保安大学校卒、大型巡視船の主任、
　　　　25歳、独身（4／1入学時18歳）… 約29万円

　　例3：保安学校卒、40歳、既婚、
　　　　子供2人（4／1入学時18歳）
　　　　陸上勤務（海上保安部の係長）……… 約36万円
　　　　巡視艇船長 ………………………… 約39万円

　　例4：保安大学校卒、40歳、既婚、
　　　　子供2人（4／1入学時18歳）
　　　　陸上勤務（海上保安部の課長）……… 約46万円

※上記金額は月々の基本給与額であり、この他、期末・勤勉手当（ボーナス（4.5月／年））や、業務に応じた特殊勤務手当、勤務地によっては地域手当（0～20％）など様々な諸手当が支給されます。

[公務員宿舎の貸与]
●全国各地に設置されている国家公務員宿舎が、公務上必要な職員には貸与されます。

[健康管理]
●全国の主要都市やその周辺には国家公務員共済組合連合会直営の病院が整備されています。管区海上保安本部などに診断所もあり利用できます。
●年1回以上の定期健康診断（または人間ドック）が実施され、病気の早期発見、早期治療に努め、職員の健康管理が行われています。万一、公務上の災害、または通勤による災害を受けた時には、国家公務員災害補償法に基づく補償を受けられます。

[貸与制度]
●急に必要となった臨時の支出（結婚、進学、医療、災害など）や住宅を新築、増改築する際の資金を借りられます。

[給付制度]
●病気・負傷の場合には医療費などの一部支給が、出産の場合には、出産費の給付があります。また、国家公務員共済組合法に基づく、老齢厚生年金や障害厚生年金などの給付もあります。

[宿泊保養施設]
●主な保養地や有名都市には、国家公務員共済組合連合会などが経営する宿泊保養施設があり利用できます。

魅力ある職場・現場力向上を目指して　海上保安庁 カイゼン 開始！

昨今、若年人口の減少、社会的価値観の変化といった社会情勢等の影響もあり、人材確保が困難になっているなど、海上保安庁は様々な課題に直面しています。

今後も、国民の皆様の期待に応え、職員一人ひとりが生き生きと働き続けることが出来る組織であり続けるためには、巡視船などの装備の強化だけではなく、テレワークやオンライン会議などを積極的に推進し、家庭と仕事が両立出来る働き方をさらに推進するなど、職員の勤務環境や処遇をより一層改善し、人的基盤の強化を進めなければなりません。

海上保安庁では、このような状況を踏まえ、業務・働き方を"改善"していくことを目標として、昨年、「海上保安庁の

カイゼン、始動。

海上保安庁が、国民のみなさんの期待に応え、信頼され続けるために・・・
職員が、生き生きとやりがいをもって働き続けていくために・・・・
海上保安庁は、次に掲げる組織像を実現するための検討を開始しました！！

☞ ヒトを大事にする組織
☞ 現場対応能力の高い組織
☞ 時代に応じて変化する組織

「海上保安庁の強靭かつ持続可能な体制検討委員会」
通称「カイゼン委員会」にて、ビジョン実現のための議論を行っています！

強靭かつ持続可能な業務体制の構築に向けた検討委員会」（通称：カイゼン委員会）を立ち上げました。

本委員会では、「ヒトを大事にする組織」、「現場対応能力の高い組織」、「時代に応じて変化する組織」という目指すべき組織像を目標として掲げ、海上保安庁で行っている全ての業務の見直しや、重点化すべき部分と省力化すべき部分の見極め、また、IT技術等を活用した業務の効率化等を図り、現場力を向上させていくことを目的に検討を行っています。

技術革新や働き方の変化に合せ、カイゼンし、更に魅力的となる海上保安庁にご期待ください！

COLUMN 01　宮古島新企画！「船飯」

第十一管区海上保安本部　宮古島海上保安部

南の島からこんにちは！宮古島海上保安部です。

宮古島海上保安部に所属する巡視船は全12隻です。宮古島周辺海域と尖閣諸島周辺海域をメインに、日々過酷な業務に励んでいます。その巡視船乗組員のパワーの源となっているのが「船飯」です。

船飯は、閉鎖的空間の巡視船で仕事をし、生活をする海上保安官にとって、船上での唯一の楽しみと言っても過言ではありません。

その「船飯」を担うのは、船上料理人である、主計科職員です。日頃から乗組員の縁の下の力持ちとして、陰ながら職員を支える主計科職員が料理に対する心掛け、工夫、こだわり等を、地元紙および当部ホームページを通して、全国の皆様に発信しています。

全12隻の主計科職員の十八番料理を実際に記者に試食

していただき、そこに隠れたストーリーを取材していただきました。歴代の補給長直伝の味、お袋の味を再現してたどり着いた味、乗組員の要望やレストランの料理からインスピレーションを受けた味など、12食の味がそこにはありました。

各主計科職員は、「激しい揺れの中でも一品一品の料理に想い込め、乗組員の疲れを少しでも癒そうと、包丁を握り、鍋を振っています！」と力強く、責任感に満ちた表情で語っていました。

彼らの至高の一品を是非一度、皆様も作られてみてはいかがでしょうか。

メニューについては、宮古島海上保安部ホームページの「船飯企画」ページをご覧ください。

宮古島海上保安部ホームページ ▶

海保の働き方

ライフワークバランス

家庭と仕事の両立支援制度の利用促進

　誰もが能力を発揮し活力ある職場を作るためには、男女を問わず育児・介護を行いながら安心して働き続けられる仕組みが必要です。

　海上保安庁では、「Work」の前に「Life」があるという考えのもと、職員一人ひとりの「ライフワークバランス」に取り組んでおり、育児休業や介護休暇をはじめとする各種両立支援制度の活用を推進しています。

　また、職員の負担軽減のための時差出勤やフレックスタイム制の活用促進、テレワークを活用した柔軟な働き方の実現への取組などを続けています。加えて人事課からは各種両立支援制度の取得好事例や取得体験記の庁内への発信を積極的に行い、組織全体の理解促進や風土醸成に努めています。

育児休業

新潟航空基地 機動救難士　木下 光

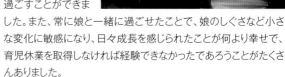

　私は、**機動救難士**として、2023年4月から新潟航空基地にて新人研修を受け、11月に機動救難服を貸与されて以降、実働隊員として、救難業務に携わっています。**機動救難士**は、海で遭難した人や船の上で病気や事故で負傷した人を、主にヘリコプターを使って救助する業務を行っています。

　妻の妊娠が分かったのが、2022年12月頃で、当時私は**潜水士**として巡視船で勤務していました。妻の希望もあり、子供が生まれると分かった時から育児休業を取得したいと考えていました。しかし、新潟航空基地への異動が決まった段階で、これから待ち受ける新人研修のスケジュールやその他の研修の状況が不透明であったため、休暇を取得することを希望していたものの、実際に取得したいと声をあげて良いものか、思い悩んでいました。

　また、取得後の職場復帰および実働経験を積めない不安、他の隊員の業務負担増加の懸念もありましたが、過去に育児休業を取得した経験のある先輩隊員から、「絶対に取得したほうがいい」、「お互い様だから」と強く言っていただけたことや、隊長からも育児休業の制度や復帰後の技量回復について詳しく説明を受けたことで、休暇取得への不安がなくなり、妻と相談した結果、12月からの約1か月間育児休業を取得することにしました。

　育児休業中の生活については、晴れた日は近くの公園へ散歩に行ったり、私たち夫婦の実家がある滋賀へ帰省し、友人や親族に娘を会わせたりすることができ、充実した時間を過ごすことができました。また、常に娘と一緒に過ごせたことで、娘のしぐさなど小さな変化に敏感になり、日々成長を感じられたことが何より幸せで、育児休業を取得しなければ経験できなかったであろうことがたくさんありました。

　復帰後1週間が経過し、すでにパパ見知りが始まり寂しい気持ちですが、これもまた成長による変化だと思い、オンとオフの切り替えをしっかりして引き続き仕事と育児を両立し、頑張りたいと思います。

　また、育児休業取得にかかる調整や期間中の業務を担い配慮してくださった職員の皆様には感謝しています。一日でも早く戦力になれるよう技量回復に努めたいと思います。

　今後、取得希望の職員がいれば、「お互い様だから」と声をかけ、積極的に促し、取得しやすい環境を作りたいと思います。

妻のコメント

　夫が**機動救難士**になることが決まった時、正直育児休業の取得は難しいだろうと思っていました。しかし、職場の方々が温かく取得を後押ししてくださり、娘が生後3か月の頃に取得できることとなりました。夫婦ともに実家が遠方のため、妊娠中は産後の生活に少し不安がありましたが、休暇を取得できると聞き安心して出産に臨むことができました。育児休業中は夫も私も時間と心に余裕ができ、娘の小さな変化や成長を見逃すことなく、夫婦で共有できたことがとても嬉しかったです。

　また、普段から料理などの家事を積極的に行ってくれる夫ですが、育児休業中はそれに加えて、娘を毎日お風呂に入れ、寝かしつけをしてくれて大変助かりました。

　今回、夫の育児休業によりご協力いただきました職場の皆様には感謝の気持ちでいっぱいです。本当にありがとうございました。

上司の声

新潟航空基地
上席機動救難士

須澤 佑策

　木下官から育児休業取得について相談を受けたのは、4か月ほど前の事でした。育児休業を取得することについては、**機動救難士**総員でフォローすれば問題ないと判断し、快諾しました。しかし、木下官は今年度**機動救難士**に配属された新任**機動救難士**であり、お子さんが出生された後には、出動隊員の指名および長期の研修を控えている状況であったため、取得するタイミングおよび期間について調整が必要でした。

　これから出動隊員に指名される予定であったため、指名後は**機動救難士**としての能力を高めつつ、様々な事案に出動したいという気持ちもあったと思いますが、家族あっての木下官がいること、奥様も育児休業取得をご希望されていることから、約1か月の育児休業を取得してもらうことになりました。また、育児休業とその後の研修により長期間現場を離れることによる技量低下への不安については、研修を終えた後、再度技量回復するための訓練を実施することを説明し、育児休業に専念してもらいました。

　育児休業を終えた後、出勤した木下官は、育児休業前と変わらない、いや、それ以上の熱い姿勢で業務に取り組んでおり、また、休憩時間に他の隊員と成長した我が子の話を楽しそうにしている姿を見ると、育児休業を取得してご家族との大切な時間を過ごすことができただけでなく、その経験が仕事への活力にも繋がっていると感じました。

　今後も育児休業の取得を希望する職員がいる場合は、その職員の背景にあった期間やタイミングで取得できるよう、積極的に相談にのり、後押しできたらと思います。

フレックスタイム勤務 × テレワーク
柔軟な働き方の実現

海上保安庁総務部人事課 定員係長　**中島 慧**

　海保レポートを手に取ってくれた皆さん、こんにちは！ 私は、本庁人事課で定員担当の係長をしています。海の安全・安心を守るためにどのような仕事をする海上保安官がそれぞれ何人必要なのか、1万5千人ほどの定員を増やしたり減らしたりしてバランスを調整するのが仕事です。霞が関ならではのダイナミックな仕事にチームのみんなで汗をかきながら取り組んでいます。家庭では、小学校と保育園に通う3人の子どもの育児に翻弄されながらも充実した日々を送っています。

　私の1週間の生活は例えばこんな感じです。

　テレワークの日には、一人で集中できる環境を活かして資料の作成やロジックの組立などを行い、出勤の日に打合せをして方向性を確認しています。また、「これは私がやりますよ。ここまで作成しています。」といったように作業の進捗を共有することを心掛けています。
　家でも妻と交替で家事をしているので、「今日は夕飯をみんな完食したよ」「来週の参観日はお願いね。」といった些細なことを確認しています。なんだかドイツ流「**タンデム方式**」の働き方を家庭で実践しているような気持ちです。
　霞が関の職場環境はブラックだと揶揄されることもありますが、昨今、公務員の様々な制度改革が進められており、海上保安庁においても人にやさしい組織づくりが進んでいると感じます。特に、制度面のみならず、子供の急な発熱などに対しても上司をはじめ職場の皆さんが「家庭第一だよ」などと声をかけてくれますので、

いつも温かい雰囲気に支えられています。職員一人ひとりの事情は異なると思いますが、多様な働き方が認められることが海保の強みになるものと信じています。

　(･.･; おっと、もうこんな時間!! そろそろ娘が帰ってきますね。
　Teamsで報告をして、、「テレワーク終了します。お先に失礼します。」頭を家事モードに切り替えです！
　最後まで、読んでいただきありがとうございました。

テレワーク終了します。
お先に失礼しますm(_ _)m
👍 3

海上保安庁 総務部
人事課 定員係
小林 将大

　女性の社会参画と、男性の家庭参画が両面から推進されるなかで、中島係長の働き方は、まさにそれを実践する、時代に即した働き方だと感じています。
　業務においては、相談事やちょっとした打合せなど、何かあればTeams等のツールで頻繁にコミュニケーションをとっているのでテレワークでも距離を感じることなく、隣に座っている時と何ら変わりなく、業務ができています。
　また『頼れる係長』×『家族想いのパパ』という仕事と家庭のバランスを重視する係長の影響もあり、係内では、よく旅行の話や笑えるような子供の出来事などプライベートな会話も飛び交い、必然的にテレワークや休みが取りやすい環境が醸成されています。
　私自身、これまで平日は子供の寝顔しか見れない日も

多くありましたが、テレワークを積極的に活用するようになり、妻の職場復帰を後押しすることができましたし、なにより家族との時間が増え、家事・育児の大変さ、日々成長する子供とのかけがえのない時間の大切さを身に染みて感じています。
　これからも様々なキャリアパスを辿ることと思いますが、仕事が終わればスーツからエプロンに着替え、パソコン・マウスを包丁・洗濯物に持ち替えるような、仕事と家庭を両立した働き方を続けていきたいと思います。
　『おっと、息子が泣いてる行かなくちゃ!!』
　ではっ、私もお先に失礼します。

輝く！女性海上保安官

女性活躍近況

海上保安庁では、昭和54年から海上保安学校において女子学生の採用を開始し、令和5年4月1日現在、1,316人の女性職員が在籍しており、全職員の9.0%の割合となっています。本庁の課長や室長、海上保安署長、巡視船艇の船長や機関長、パイロット、**海上交通センター**運用管制官等、様々な業務を遂行しています。

女性職員数の推移および割合

年	女性職員数の推移(人)	女性職員の割合(%)
H26	733	5.5
H27	782	5.8
H28	843	6.2
H29	865	6.3
H30	918	6.6
H31(R1)	979	6.9
R2	1,066	7.4
R3	1,164	8.1
R4	1,251	8.6
R5	1,316	9.0

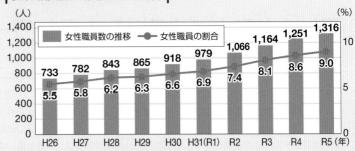

海上保安庁では様々な分野で活躍する女性保安官が増えています！
今回は航空基地に所属する女性整備士にインタビューに答えてもらいました！

第十一管区海上保安本部
那覇航空基地 整備員
佐藤 心那

簡単な経歴

私は中日本航空専門学校整備科二等航空整備士飛行機ピストンコースを卒業後、海上保安庁へ入庁し門司分校で半年研修を行い、現在は那覇航空基地で整備員として勤務しています。

現在の業務

整備員として機体の整備作業や航空機運航支援作業といった業務を行うとともに、航空員として航空機に同乗し警備救難業務にも従事しています。

那覇航空基地はほかの航空基地等に比べ所属する機体が多く、固定翼機ではファルコン2000、ボンバル300、回転翼機ではアグスタ139と様々な機体の整備作業に携わることができます。また、フライト時間も多いため、その分、整備作業も多く整備員としてたくさんの経験を積むことができます。

航空員として固定翼機では捜索や不審船の写真撮影、物件投下等の業務を行い、回転翼機では捜索や見張り等の業務を行うとともに、吊上げ救助時には要救助者を機体に引き込んだりといった海難救助作業にも従事しています。

嬉しかった・やりがいを感じた経験

年末に回転翼機の発動事案が立て続けに発生した際、初めて回転翼機の航空員として合計3名の吊上げ救助に携わった時が一番やりがいを感じました。海面から要救助者を吊上げ、病院へ搬送するまでの間、訓練とは違った緊張感が続きました。回転翼機の待機に入るようになり1か月しか経過していませんでしたが、船舶との合同訓練や病院への引き渡し訓練を経験していたので落ち着いて対応することができました。また、普段から先輩に言われていた「パイロットやホイストマンは要救助者を集中して見ているため、航空要員は周囲の警戒をすること」が自然にでき、いち早く小型船舶の接近に気づき乗員にアサーションするなど、日ごろの訓練の成果が実感できたことが嬉しかったです。

女性保安官を目指す人へのメッセージ

海上保安庁といえば、船艇で勤務するイメージが強いかと思いますが、現在海上保安庁の女性航空整備士は30名います。男性と比べると体力面では劣る部分も多いですが、体の使い方を覚え、資機材を使うことで私一人でもこなせる作業がほとんどで、狭い場所や細かい作業は女性のほうが有利なこともあります。また、整備作業のみならず警備救難業務にも従事するため、男性女性にかかわらず活躍できる場はたくさんあります。

海上保安庁の整備士は整備した機体に自ら乗り込み、人命救助に携わることができる、やりがいの感じることのできる職種だと思います。

今後の抱負

現在、ボンバル300の一等航空整備士資格の取得を目指し、日々業務に取り組んでいます。資格取得に向けた知識だけでなく、実際のトラブルにも対応できるよう技術を磨くとともに、経験を積み、現場第一線で活躍できる整備士として業務に励んでいきたいです。

女性活躍推進への取組

〈研修の実施〉

職員を対象としたライフワークバランス推進、働き方改革やハラスメントの防止に係る研修を実施しています。

〈マタニティ服〉

組織が職員の妊娠を共に喜び、出産・育児休業を取得した後は、職場に戻ってきてほしい！という思いを込めたマタニティ服が妊娠中の女性保安官に愛用されています。

〈女性職員の生活空間〉

女性職員が一層働きやすい職場環境を整備するため、部署のニーズに基づき女性施設の拡張や修繕が進められています。

福岡海上保安部では、元々書庫として使用していたスペースを女性職員が休憩できる女性諸室に改修し、現在は女性職員の憩いの場となっています。

Before　　After

特集3
〜目指せ！ 海上保安官〜

海上保安官になるには？

海上保安大学校、
海上保安学校という
選択肢があります。

海上保安官には、巡視船艇での勤務などの海上勤務だけでなく、本庁や管区本部などでの陸上における勤務や海外での勤務など、様々な活躍の場があります。このような舞台で活躍する海上保安官には、幅広い知識や技能だけでなく、特殊な業務を行うための専門的な能力も求められるため、海上保安官を養成するための教育機関である海上保安大学校や海上保安学校での学びが必要です。

どちらも、学校という名前がついていますが、入学と同時に国家公務員としての身分が与えられます。そのため、海上保安大学校（本科）と海上保安学校は毎月約16万円、海上保安大学校（初任科）は毎月約19万円の給与が支給されます。両校ともに全寮制で、規律ある団体生活を送ります。学生は、この団体生活を通じて、正義仁愛の精神、リーダーシップ・チームワークの体得や気力・体力の錬成を図ります。

幹部海上保安官になる
→海上保安大学校 》P.032

海上保安大学校（本科） 〈受験資格：高校卒業後 2年未満まで〉
海上保安大学校（初任科） 〈受験資格：大学卒業後30歳未満まで〉
教育期間：4年9か月（本科）、2年9か月（初任科）

現場第一線の海上保安官になる
→海上保安学校 》P.039

海上保安学校 〈受験資格：高校卒業後12年未満まで〉
教育期間：1年〜2年

■本文中の太字の語句は、166ページからの「語句説明」に解説を掲載しています。

海上保安大学校

海上保安庁の幹部職員に必要な知識や技能を教授し、心身の錬成を図るとともに、海洋政策に関する調査研修をすることを目的とした、広島県呉市にある教育機関です。

教育方針
1. 人格の陶冶とリーダーシップの涵養
2. 高い教養と見識の修得
3. 強靭な気力・体力の育成

本 科

2学年の後半から、航海、機関、情報通信に分かれます。本科を卒業した学生は専攻科に進み、世界を一周する遠洋航海実習を行い、国際感覚を養います。その後、3か月間の研修科（国際業務課程）において、語学を中心とした国際業務対応能力や実践的な海上保安業務に関する知識を習得します。

入学 〉 本科…4年 〉 卒業 〉 専攻科（遠洋航海）…6か月 〉 研修科…3か月 〉 現場赴任

カリキュラム

1学年	2学年	3学年・4学年	専攻科	研修科
基礎教育科目　幅広い教養を身につける 【共通科目】哲学、文学、法学、法学演習、憲法、経済学、数学、統計情報処理、物理学、物理学実験、化学、化学実験、英語、英会話、保健体育など 【選択科目】ロシア語、中国語、韓国語のいずれか				
専門基礎科目　専門教育を受けるため、まずは必要な基礎能力を身につける 【共通科目】国際政治、政策科学、情報科学、気象学、海洋学、実務英語、リーダーシップ論、国際法、刑法、刑事訴訟法、行政法、民事法など		専攻科 （6か月）	研修科 （国際業務課程） （3か月）	
	群別科目　航海、機関、情報通信のいずれかに分かれて学ぶ ● 第一群…航海学、船用計測工学、船体運動工学、海事法、船舶工学など ● 第二群…材料力学、機械力学、工業熱力学、電気機械工学、原動機工学、船舶設備工学など ● 第三群…情報理論、電子回路、通信システム、電磁波工学、通信工学実験、モバイルネットワークなど			
	専門教育科目 **複雑化・国際化している海上保安業務に対応するために必要な、高度な専門能力を身につける** 【共通科目】海上保安制度論、海上犯罪捜査、捜索救助、海上交通政策学、海上警察権論、国際紛争論、国際海洋法、海上安全学、海難救助工学、特別研究、組織行動論、海上保安演習、海上警察政策など		その他 実用英語、国際業務、現場実務、海上犯罪論、海上安全工学論	
訓練科目　逮捕術や救急安全法など現場で必要となる特殊技能を身につける 逮捕術、けん銃、武器、端艇・信号、潜水、水泳、総合指揮（基本動作、統率管理）、救急安全法など				
実習科目　小型船舶の操船技術や通信技術を学ぶ 小型船舶、通信実技、国際通信実習、マリンレジャー実習など				
乗船実習　習得した船舶運航の知識、技能を実際の船上で実践し、業務遂行能力を身につける			遠洋航海実習	
国内航海実習		国内航海実習		

取得する資格・免許

	第一群（航海）	第二群（機関）	第三群（情報通信）
取得できる資格 （履修により取得）	三級海技士（航海）の筆記試験免除	三級海技士（機関）の筆記試験免除	航空無線通信士 第三級海上無線通信士
	第一級海上特殊無線技士／第二級陸上特殊無線技士		
取得を目指す資格 （受験により取得）	三級海技士（航海） 一級、二級海技士（航海）の筆記試験	三級海技士（機関） 一級、二級海技士（機関）の筆記試験	基本情報技術者試験 第一級、二級陸上無線技術士 第二級海上無線通信士
	一級小型船舶操縦士		

卒業後の進路

卒業後はまず巡視船の初級幹部として配属され、海難救助、海洋環境の保全、海上における治安の確保、海上交通の安全の確保などに従事します。その後、本庁、管区本部などの陸上勤務となり、海上保安行政の企画・立案、各省庁などとの協議・調整などを担い、海上勤務、陸上勤務を交互に経験しながら、様々なキャリアを積み幹部職員となります。また、希望と適性により、航空機のパイロット、特殊救難隊、潜水士、国際捜査官、大学校教官などの分野に進むほか、大使館・国際機関などの在外機関に出向する機会もあり、海上保安業務の多方面で活躍することができます。

※詳しくは、キャリアアップモデルコース（P.045）を参照。

海上保安大学校ホームページ

初任科

航海・機関に分かれて学びます。令和6年度以降の初任科入学生については、初任科等修了後、本科卒業生と同様、専攻科に進み、世界一周の遠洋航海実習を行い、国際感覚を養います。その後、研修科（国際業務課程）で語学を中心とした国際業務対応能力や実践的な海上保安業務に関する知識を習得します。

入学 ▷ 初任科…1年 ▷ 編入 ▷ 特修科…1年 ▷ 専攻科…6か月（遠洋航海） ▷ 研修科…3か月 ▷ 現場赴任

カリキュラム

	1年目（初任科）	2年目（特修科に編入）	専攻科	研修科
共通科目　複雑化・国際化している海上保安業務に対応するために必要な専門知識を身につける			専攻科（6か月）	研修科（国際業務課程）（3か月）
	法学概論海上保安業務概論など	憲法、行政法、国際法、刑法、刑事訴訟法、海上交通法規、海上取締法規、海上警備論、海洋環境法、海上犯罪捜査論、救難防災論、政策分析演習、初級監督者論など		
専攻別科目　航海または機関の専攻に分かれ、それぞれの専門知識・技能を身につける			その他実用英語、国際業務、現場実務、海上犯罪論、海上安全工学論	
航海科航海学基礎、航海計器学基礎、海洋気象学基礎、運用学基礎、海事法基礎など		航海学、航海計器学、海洋学、気象学、運用学、海事法、航海力学、船舶工学、海難救助論など		
機関科機関構造学基礎、内燃機関学基礎、蒸気機関学基礎、補助機関学基礎、電気工学基礎、電気機器学基礎、機械工学基礎、材料工学基礎、工業化学基礎、機関実務基礎、機関法規基礎など		機械工学、内燃機関学、蒸気機関学、機関学実験、補助機関学、電気工学、船用工業化学、船用電気機械、機関要務など		
訓練科目　逮捕術や救急安全法など現場で必要となる特殊技能を身につける逮捕術、けん銃、武器、端艇・信号、水泳、基本動作、救急安全法など				
実習科目　小型船舶の操船技術や通信技術を学ぶ小型船舶、通信実技、国際通信実習、マリンレジャー実習、救命消火、無線英語、無線技術、航海・機関英語講習、電子海図情報表示装置実習（航海科のみ）など				
乗船実習　習得した船舶運航の知識、技能を実際の船上で実践し、業務遂行能力を身につける				
国内航海実習	国内航海実習		遠洋航海実習	国内航海実習

取得する資格・免許

	航海	機関
取得できる資格（履修により取得）	四級海技士（航海）の筆記試験免除	四級海技士（機関）の筆記試験免除
	第一級海上特殊無線技士／第二級陸上特殊無線技士	
取得を目指す資格（受験により取得）	四級海技士（航海）一・二・三級海技士（航海）の筆記試験	四級海技士（機関）一・二・三級海技士（機関）の筆記試験
	一級小型船舶操縦士	

卒業後の進路

初級幹部職員として、日本全国の巡視船などに配属され、海上における犯罪の取り締まり、領海警備、海難救助、海上交通の安全確保などの業務に従事します。その後、本庁や管区海上保安部、巡視船などに勤務しつつ、幹部職員としての経験を積んでいくことになります。

※詳しくは、キャリアアップモデルコース（P.045）を参照。

海上保安大学校

乗船実習

本科、初任科対象

国内航海実習

練習船「こじま」などに実習生として乗船し、日本全国の沿岸や近海の国内航海を経験します。

各種訓練を通じて、船舶運航に関する航海・機関・情報通信の各専門分野の知識・技能を身につけるとともに、海上保安業務に関する知識を習得します。

■ 実習場所

本 科	1学年 … 九州、四国および近海
	3学年 … 瀬戸内海、本州、北海道、四国、九州、南西諸島沿岸や近海
	4学年 … 瀬戸内海、本州南東岸、四国、九州沿岸や近海
初任科	……… 瀬戸内海、本州沿岸ほか
特修科	……… 瀬戸内海、本州沿岸ほか
研修科	……… 九州、四国および近海

大時化のインド洋

船からの朝焼け

練習船「こじま」
●総トン数 … 2,950トン ●全長 … 115メートル
●幅 ……… 14メートル ●速力 … 18ノット以上

※練習船いつくしま就役（令和6年予定）後は、練習船いつくしまによる乗船実習。

操船実習

搭載艇揚降訓練　　船内防水訓練

航海実習で同期の絆が深まった

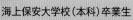

本科の4年間で3回、国内航海実習を経験しましたが、最初は波の影響を受けて動揺する船の中で船酔いし、食事も喉を通りませんでした。しかし、街の明かりが届かない夜の洋上では、綺麗な星空に感動しました。また時にはイルカやクジラなど野生動物と遭遇して感動するなど、航海実習は自然の脅威と美しさを体感できます。

実習中に感じたのは、仲間と助け合うことの重要性。様々な機械の集合体である"船"は、仲間が力を合わせなければ円滑に運用できません。同期一人ひとりが得意な分野で助け合い、課題を乗り越えたことで、仲間の大切さを身を以て感じました。こうした経験を生かして人から信頼される海上保安官になりたいです。

海上保安大学校（本科）卒業生
山田 達也
●出身地 … 愛知県
●出身校 … 愛知県立昭和高等学校
●休日の過ごし方 … ゴルフ、居酒屋巡り

　海を舞台として活躍する海上保安官には、機動力の源となる巡視船艇を自在に操る技術、そして海上で発生する現象に精通するプロとしての能力が求められます。海上勤務時に乗船する巡視船艇の運航業務を果たせるよう、航海・機関・情報通信の専攻に応じた配置で現場に則した乗船実習を実施しています。

専攻科対象

遠洋航海実習

　太平洋、パナマ運河、カリブ海、大西洋、地中海、スエズ運河、インド洋など、世界一周の遠洋航海を経験します。
　約3か月の遠洋航海で船舶運航に関する技術の習得、精神力、実践力および統率力を身につけます。寄港地の文化や生活に直接触れることによって見聞が広まり、現地の海上保安機関や市民との国際交流を通じて国際感覚も養います。

■ 実習概要

対　象	専攻科
期　間	約3か月
寄港地	サンフランシスコ、ニューヨーク、ピレウス（ギリシャ）、シンガポール、ダナン（ベトナム）など

● 航海日数… 100日
● 総航程… 約26,000海里

※ 2019年度の寄港地です。寄港地は年によって変わります。

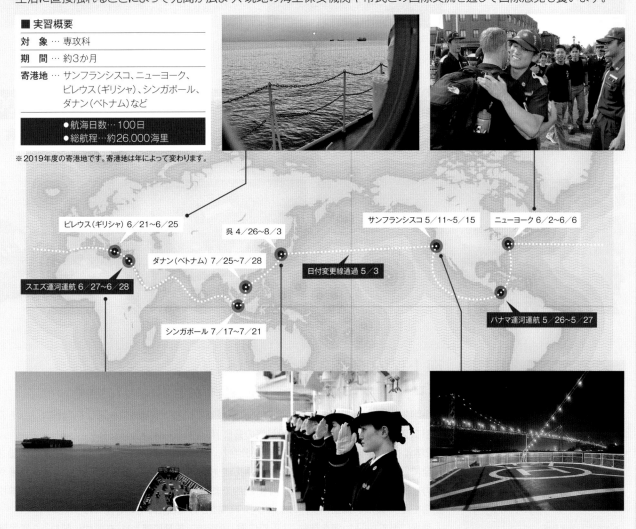

ピレウス（ギリシャ）6／21〜6／25
呉 4／26〜8／3
サンフランシスコ 5／11〜5／15
ニューヨーク 6／2〜6／6
ダナン（ベトナム）7／25〜7／28
日付変更線通過 5／3
スエズ運河運航 6／27〜6／28
パナマ運河運航 5／26〜5／27
シンガポール 7／17〜7／21

視野や興味の幅が広がる遠洋航海

海上保安大学校（本科）卒業生
藤本　雄紀

● 出身地 … 広島県
● 出身校 … 広島市立安佐北高等学校
● 休日の過ごし方 … 朝トレーニング、バイクツーリング、登山

　遠洋航海では、外国の海上保安機関との合同訓練や施設見学を行ったことで、考え方の違いや各国が直面する課題を知り大きく視野が広がりました。一方で、約3週間の連続航海の中で、米国カリフォルニア沖で大しけに遭い、船酔いしながら試行錯誤して臨んだ訓練は今でも忘れられません。最近は、外国の海上保安機関との連携協力の強化や海上保安機関への能力向上支援など、海上保安業務の国際化が進んでおり、業務も多方面に広がっています。
　今後の海上保安官人生においても、これまでに誰も経験したことのない事態に遭うこともあるかもしれません。そのようなときには、臆することなく、慢心することなく、挑戦し続けられる海上保安官でありたいです。

海上保安大学校の1日

起床／整列・体操・掃除			課業整列			
06:30	07:10	08:00	08:20	08:45		12:00
	朝食	旗章掲揚		授業／訓練		昼食

海上保安庁の業務は幅広い
グローバルに活躍できる海上保安官になりたい

本科第4学年 航海科
野上 亮子

- ●出身地 … 鹿児島県
- ●出身校 … 鹿児島県立鹿児島南高等学校
- ●休日の過ごし方 … サイクリング、カフェ巡り、語学学習

　小学生の頃に参加した遠泳大会に巡視船が来て応援メッセージを送ってくれました。そのときに、海上保安官という職業を知り「海の警察」に憧れを抱き海上保安官を志しました。

　2学年後半で航海、機関、情報通信に分かれ、航海科に進むと、どのように操船すれば船を安全に走らせられるか運動方程式などを用いた検討や、船舶の衝突事案をもとに、衝突角度や速力などから原因を探る演習があり、実践的で非常に興味深く学んでいます。4年間の大学校生活を通し、幅広い海上保安庁の業務から、時間をかけて目指すものを見つけられます。

　現場に出てからは、海を舞台に「正義仁愛」の精神で業務に携わり、在学中に関わった学生等国際会議や海外研修での経験や人脈を活かし、海外の海上保安機関と連携してグローバルに活躍できる海上保安官になりたいです。

■ 年間行事

4月 入学式　　　　5月 端艇訓練　　　　6月 遠洋航海先アメリカでの　　　　7月 海神祭(学生祭)
　　　　　　　　　　　　　　　　　　　　　　日米海上保安機関合同訓練

日々規律正しい生活を送る中には、座学や実習といった授業以外にも、部活動や寮生活を通じてたくさんの学びがあります。
全国各地から来た同期とのつながりは、厳しい寮生活の支えになります。

授業／訓練　　　　　　　　　　　　　　　　夕食・入浴・外出許可

> 13:00　　　　　　　　　　　　　> 17:15 > 19:00 > 22:15 > 22:30

終了後体育部活動　　　　　　　　　　　自習時間　　帰校門限　　消灯

海上保安官になる決意『人の命を救いたい』

ぼんやりと幼い頃から思い描いてきた人命救助・潜水士への気持ちが、将来のキャリアについて真剣に考え始めた大学時代から強くなり、海上保安官になるという決意をしました。

大学生活で学んだことを幹部海上保安官として役立てたい、より大きな裁量をもって働きたいと考え、「海上保安官採用試験」を受験しました。

大学校の教官方は潜水士や特別警備隊など海上保安庁の多くの業種を経験しているため、その経験談やアドバイスを聞くことができ、毎日モチベーション高く生活しています。

今後は、海上保安大学校や現場で多くのことを学び、目標としていた潜水士として人命救助の最前線に立ち、経験を活かした制度改革などにも携わりたいです。

初任科 航海科
江口 貴翔
● 出身地 … 東京都
● 出身校 … 慶応義塾大学
　　　　　　経済学部経済学科
● 休日の過ごし方 … 筋トレ、
　　　　　　　　　　ランニングなど

8月 潜水授業　　　　　12月 初任科乗船実習　　　　1月 耐寒訓練　　　　　　3月 卒業式

海上保安学校

　海上保安業務に必要な知識と技能の習得、心身の錬成を行い、現場業務に即応できる海上保安官の育成を目的に設置された海上保安庁の教育機関です。

　三方を海に囲まれた京都府舞鶴市にある学校です。

カリキュラム

課程	一般課程(1年)					管制課程 (2年)	航空課程 (1年)	海洋科学課程 (1年)
	航海 コース	機関 コース	通信 コース	主計 コース	航空整備 コース			
教育内容 (共通)	【基礎教養】英語、情報処理、体育、基本動作、小型船舶操縦、乗船実習、総合実習、訓練							
	刑法、刑事訴訟法、海上警察、救難防災、海上環境							
教育内容 (課程、 コース別)	航海 運用 海事法 気象・海象 など	機関 電気機器 海事法 など	通信実技 情報通信 電気機器 基礎電子工学 英語など	主計 (総務、経理、 補給、 船舶衛生) 調理 など	整備 機体 発動機 航空英語 航空法 など	情報通信 航行安全 管制業務機器 海事一般 シミュレータ業務 英語など	数学 物理 気象・海象 航空通信運用 海上航空業務 船舶概要論など	数学 基礎科学 海上安全業務 気象・海象 海洋情報業務管理 測量 水路図誌編集など

取得する資格・免許

一般課程	航海コース	●四級海技士(航海)の筆記試験　●五級海技士(航海)の筆記試験※ ●第一級海上特殊無線技士　●第二級陸上特殊無線技士　●一級小型船舶操縦士 ※履修により免除
	機関コース	●四級海技士(機関)の筆記試験　●五級海技士(機関)の筆記試験※ ●第一級海上特殊無線技士　●第二級陸上特殊無線技士　●一級小型船舶操縦士 ※履修により免除
	通信コース	●第三級海上無線通信士　●航空無線通信士　●第二級陸上特殊無線技士 ●一級小型船舶操縦士 ※卒業後、4か月間の研修で第二級陸上無線技術士を資格取得
	主計コース	●船舶料理士　●船舶衛生管理者　●第一級海上特殊無線技士 ●第二級陸上特殊無線技士　●一級小型船舶操縦士
	航空整備コース	●第一級海上特殊無線技士　●第二級陸上特殊無線技士　●一級小型船舶操縦士 ※卒業後、2年間の現場経験を経た後、海上保安学校宮城分校にて約1年2か月の研修で二等航空整備士(回転翼)を資格取得
管制課程		●第三級海上無線通信士　●第二級陸上特殊無線技士　●一級小型船舶操縦士
航空課程		●航空無線通信士　●一級小型船舶操縦士 ※卒業後、回転翼(ヘリコプター)要員は海上保安学校宮城分校にて1年8か月、固定翼(航空機)要員は北九州航空研修センターで約2年の研修を経て資格取得
海洋科学課程		●国際水路測量技術者　●第一級海上特殊無線技士　●第二級陸上特殊無線技士　●一級小型船舶操縦士

海上保安学校ホームページ

卒業後の進路

一般課程	警備救難業務、総務業務、経理補給業務、情報通信業務、海上交通業務：巡視船艇、航空機、陸上部署など	管区内転勤 ※航空整備コースは全国転勤
	巡視船艇等に乗り組み、船舶の運航（航海コース）、機関の運転整備（機関コース）、通信運用・保守（通信コース）、調理・経理等（主計コース）、航空基地やヘリコプター搭載型巡視船での航空機の整備（航空整備コース）などの業務を担い、領海警備、海難救助、海上犯罪の取締り、海上交通の安全確保、海上災害および海洋汚染防止などの業務にあたります。	
管制課程	海上交通業務：海上交通センター、巡視船艇、陸上部署など	全国転勤
	全国に7つある海上交通センターのいずれかに勤務し、航行船舶の動静を把握、船舶の安全な航行に必要な情報提供などの勤務にあたります。また、巡視船や海上保安部交通課などに勤務し、海上保安業務にあたります。	
航空課程	警備救難業務：航空基地、ヘリ搭載巡視船など	
	固定翼要員（北九州航空研修センター）と回転翼要員（海上保安学校宮城分校）に分かれて、航空機操縦要員として必要な知識・技能を習得するための研修を受けた後、航空基地などに配属され、航空機による海上犯罪の取締りや海難救助などに従事するとともに航空機の運航にあたります。	
海洋科学課程	海洋情報業務：測量船、陸上部署など	
	本庁、管区本部、測量船などに勤務し、海洋観察、測量、海図の作成などの業務にあたります。	

特殊業務への道

卒業後、一定期間の実務経験を積んだ後、本人の希望と適性によって選抜された者のみ一定期間の研修を経て、下記の職種に進むこともできます。

【一般課程（航空整備コースを除く）】
- 潜水士、特殊救難隊、機動救難士
- 国際捜査官（ロシア語、韓国語、中国語などの通訳業務など）
- 航空機の通信士

幹部登用への道

海上保安学校の卒業生が幹部要員（課長以上）に昇進するには、所定の実務経験を積んだ後（在職3年以上が目安）、選抜試験を受けて海上保安大学校特修科（1年または6か月）に進むことにより、幹部へ登用される道が開かれています。特修科選抜には高卒・大卒による有利不利はありません。

※詳しくは、キャリアアップモデルコース（P.045）を参照。

■本文中の**太字の語句**は、166ページからの「用語説明」に解説を掲載しています。

乗船実習

練習船「みうら」	●総トン数 … 3,000トン	●全長 … 115メートル
	●幅 … 14メートル	●速力 … 18ノット以上

乗船式　　　　　　　　船橋航海実習　　　　　　　搭載艇揚降訓練

航空課程
畑中 大樹
●出身地 … 福岡県
●出身校 … ハワイ大学ホノルル校
●休日の過ごし方 … ウクレレ、ヨット

絆が深まる端艇訓練

　幼少時からパイロットへの憧れを抱いており、パイロットになるための道を模索していた中で、海上保安学校の航空課程を知り、進学を決断しました。

　私が、海上保安学校の訓練で特に魅力を感じるのは、端艇訓練です。端艇訓練では、15人程度の漕ぎ手が協力して操船することが求められるため、訓練を通してクラスメイトとの絆が一層深まりました。

　また、海上保安学校では、海上保安官に必要な専門的な知識を学ぶため、けん銃の取扱いや鑑識、逮捕術など、他では経験できない授業や訓練を受けることができます。

　授業や実習を通して、単に航空機を操縦するだけでなく、他の科との連携が重要であることを実感しました。現場配属後は、パイロットの役割を超えてチームとして業務へ取り組む海上保安官になりたいです。

　学生たちは、それぞれの分野で巡視船艇のプロフェッショナルになることを目指し、練習船「みうら」などに乗船して本州沿岸海域で訓練を行います。いかなる条件においても対応できるようになることが目標です。

甲板作業実習　　　　　　　　　調理実習　　　　　　　　　船橋航海実習

海図測定実習

朝の体操　　　　　　　　　調理実習　　　　　　　　　搭載艇操船訓練

船舶運航システム課程 機関コース
亀島 知起

● 出身地 … 徳島県
● 出身校 … 阿南工業高等専門学校
● 休日の過ごし方 … プール、読書、同期と食事

国民の期待と信頼に応えられる海上保安官になりたい！

　進路を選択する時期に、海上保安官や海上保安学校を知りました。小さい頃から、車や鉄道といった乗り物が好きだったこと、自転車の整備などの機械いじりが好きだったことや高専で5年間機械のことを学んだこともあり、自分の得意な分野で働きたいと考え、船舶運航システム課程の機関コースを選びました。

　船内工作の授業では、船で使用されている機器を用いた実習ができ、測定やメンテナンス方法を学ぶことができます。これらの授業は現場を意識した実習となっているため、身が引き締まります。また、海上保安学校では、けん銃、救難防災や刑法など幅広い分野も学ぶことができます。

　海上保安庁が大事にしている「正義仁愛」の精神のもと、国民の期待と信頼に応えられるようなかっこいい海上保安官になりたいです。

海上保安学校の1日

起床　**課業整列**

06:30	07:10	08:00	08:30	08:45	12:00

朝食　**旗章掲揚**　**授業／訓練**　**昼食**

女性が活躍できるフィールドがあることに魅力を感じた

　公務員合同説明会に参加して、**海上交通センター**に勤務していた女性職員から話を聞く機会があり、海上保安庁という組織に憧れを抱いたことが受験のきっかけです。

　それまで海上保安庁は男性社会の印象が強かったのですが、女性の方の声が無線で聞きやすく、女性が活躍できるフィールドがあることに魅力を感じ、管制課程を選びました。

　管制課程は英語の授業が多いため、授業や実習を通して英語のボキャブラリーが増えていきます。管制のシミュレーションで英語の通信が成り立ったときはとても楽しいです。ほかに、警備救難業務について学ぶ科目もあります。覚えることが多く大変ですが、指紋採取の方法や鑑識写真の撮影など、普段の生活では経験できないことなので、とても新鮮に感じています。

　現場に出たら、管制官として自分の言葉に責任を持ち、事故を未然に防いで安全な海上交通の構築に寄与できるよう、頑張ります！

管制課程　山口 百香
- 出身地 … 兵庫県
- 出身校 … 神戸女子大学
- 休日の過ごし方 … 買い物、バレーボール、カフェ、同期と外食

■ 年間行事

4月 入学式　　6月 基本動作競技会　　7月 水泳訓練　　7月 五森祭

日々規律正しい生活を送る中には、座学や実習といった授業以外にも、部活動や寮生活を通じてたくさんの学びがあります。
全国各地から来た同期とのつながりは、厳しい寮生活の支えになります。

授業／訓練　　　　　　　　　　　夕食・入浴・外出許可

> 13:00 〉　17:15 〉 19:00 〉 22:15 〉 22:30 〉

終了後体育部活動　　　　　　　　自習時間　　帰校門限　　消灯

同じ志をもつ同期が切磋琢磨する環境

船舶運航システム課程 主計コース
山出 真央
- 出身地 … 静岡県
- 出身校 … 沼津市立沼津高等学校
- 休日の過ごし方 … 友人と散歩や外食

　多くの種類の料理を作れるようになり、私の作る料理で乗組員の健康を支えたいと思ったことから、船舶運航システム課程の主計コースを選びました。

　海上保安学校は、同じ志を持ち、向上心の高い同期が切磋琢磨する環境であるため、何事にも積極的に取り組めます。運動が得意な学生でもこなすことが難しい制圧訓練の筋力トレーニングであっても、隣を見れば苦しい表情でも頑張っている同期がいるので「やめてしまいたいな」という弱気な心を奮い立たせることができます。（制圧訓練の授業後は達成感がとても大きいです！）私は、海上保安学校で行うこと全てが新鮮で楽しいと感じています。

　現場に出てからは、広い視野を持ち、素直かつ謙虚に、何事にも積極的に挑戦する海上保安官になりたいです。

9月 卒業式　　　　　　10月 入学式　　　　　　12月 早朝訓練　　　　　　3月 卒業式

採用試験

※試験の詳細は、当該年度の各試験受験案内をご確認ください。

海上保安大学校

海上保安大学校〈本科〉
受験案内

海上保安大学校〈初任科〉
受験案内

受験資格

本 科	ア	2024（令和6）年4月1日において高等学校または中等教育学校を卒業した日の翌日から起算して2年を経過していない者および2025（令和7）年3月までに高等学校または中等教育学校を卒業する見込みの者
	イ	高等専門学校の第3学年の課程を修了した者であって、2024（令和6）年4月1日において当該課程を修了した日の翌日から起算して2年を経過していない者など人事院が（ア）に掲げる者と同等の資格があると認める者
初任科		1994（平成6）年4月2日以降の生まれで、大学（短期大学を除く。以下同じ。）を卒業した者および2025（令和7）年3月までに大学を卒業する見込みの者並びに人事院がこれらの者と同等の資格があると認める者

試験種目・試験の方法 ※変更の可能性があります。詳しくは人事院が発表する受験案内をご確認ください。

	試験	種目				
本 科	第1次試験	基礎能力試験（多肢選択式）	学科試験（多肢選択式）数学・英語	学科試験（記述式）数学	学科試験（記述式）英語	作文試験
	解答題数（解答時間）	40題（1時間30分）	26題（2時間）	3-6題（1時間20分）	2-3題（1時間20分）	1題（50分）
	配点比率	7分の2	7分の2	7分の1	7分の1	＊
	第2次試験	人物試験	身体検査	身体測定	体力検査	
	配点比率	7分の1	＊	＊	＊	
初任科	第1次試験	基礎能力試験（多肢選択式）	課題論文試験			
	解答題数（解答時間）	30題（1時間50分）	2題（3時間）			
	配点比率	6分の3	6分の2			
	第2次試験	人物試験	身体検査	身体測定	体力検査	
	配点比率	6分の1	＊	＊	＊	

（注）「配点比率」欄に＊が表示されている試験種目は合否の判定のみを行い、その他の試験科目は得点化しています。

海上保安学校

海上保安学校〈10月期〉
受験案内

海上保安学校〈4月期〉
受験案内

受験資格

10月期	ア	2024（令和6）年4月1日において高等学校または中等教育学校を卒業した日の翌日から起算して13年を経過していない者および2024（令和6）年9月までに高等学校または中等教育学校を卒業する見込みの者
	イ	高等専門学校の第3学年の課程を修了した者であって、2024（令和6）年4月1日において当該課程を修了した日の翌日から起算して13年を経過していない者など人事院が（ア）に掲げる者と同等の資格があると認める者
4月期	ア	2024（令和6）年4月1日において高等学校または中等教育学校を卒業した日の翌日から起算して12年を経過していない者および2025（令和7）年3月までに高等学校または中等教育学校を卒業する見込みの者
	イ	高等専門学校の第3学年の課程を修了した者であって、2024（令和6）年4月1日において当該課程を修了した日の翌日から起算して12年を経過していない者など人事院が（ア）に掲げる者と同等の資格があると認める者

試験種目・試験の方法 ※変更の可能性があります。詳しくは人事院が発表する受験案内をご確認ください。

	試験	種目			
一般課程 船舶運航システム課程	第1次試験	基礎能力試験（多肢選択式）	作文試験		
	解答題数（解答時間）	40題（1時間30分）	1題（50分）		
	配点比率	4分の3	＊		
	第2次試験	人物試験	身体検査	身体測定	体力検査
	配点比率	4分の1	＊	＊	＊
管制課程	第1次試験	基礎能力試験（多肢選択式）	学科試験〈数学・英語〉（多肢選択式）		
	解答題数（解答時間）	40題（1時間30分）	26題（2時間）		
	配点比率	8分の3	8分の3		
	第2次試験	人物試験	身体検査	身体測定	体力検査
	配点比率	8分の2	＊	＊	＊
海洋科学課程	第1次試験	基礎能力試験（多肢選択式）	学科試験〈数学・英語・物理〉（多肢選択式）		
	解答題数（解答時間）	40題（1時間30分）	39題（3時間）		
	配点比率	8分の3	8分の3		
	第2次試験	人物試験	身体検査	身体測定	体力検査
	配点比率	8分の2	＊	＊	＊
航空課程	第1次試験	基礎能力試験（多肢選択式）	学科試験〈数学・英語〉（多肢選択式）		
	解答題数（解答時間）	40題（1時間30分）	26題（2時間）		
	配点比率	8分の3	8分の3		
	第2次試験	身体検査	身体測定	体力検査	
	配点比率	＊	＊	＊	
	第3次試験	人物試験	身体検査	適性検査	
	配点比率	8分の2	＊	＊	

（注）「配点比率」欄に＊が表示されている試験種目は合否の判定のみを行い、その他の試験科目は得点化しています。

試験の詳細は人事院ホームページ「国家公務員試験採用情報NAVI」でも確認できます。
お問い合わせ先 ▶ 海上保安庁総務部教育訓練管理官付　試験募集係／TEL.03-3580-0936

キャリアアップモデルコース

※ モデルコースは一例であり、個人の能力、適性などによって異なります。

海上保安大学校 (本科) 卒業生の進路

採用

海上保安大学校 (本科)

卒業後

巡視船 主任

本庁 係員など

大型巡視艇 船長など

本庁 係長など

大型巡視船 首席など

管区本部 課長補佐 専門官など

海上保安部 課長など

管区本部 課長

本庁 課長補佐 専門官など

大型巡視船科長 中型巡視船船長など

本庁課長 大型巡視船船長 管区本部部長 海上保安部長など

海上保安庁長官

1年目〜
10年目〜
20年目〜
30年目〜

特修科 (海上保安大学校 (初任科) を含む) 修了生の進路

研修

特修科研修

修了後

巡視船 主任

本庁 係員など

大型巡視艇 船長など

本庁 係長など

大型巡視船 首席など

管区本部 課長補佐 専門官など

海上保安部 課長など

管区本部 課長

本庁 課長補佐 専門官など

大型巡視船科長 中型巡視船船長など

本庁課長 大型巡視船船長 管区本部部長 海上保安部長など

管区本部長

1年目〜
10年目〜
20年目〜
30年目〜

海上保安学校卒業生の進路 (一般課程の例)

採用

海上保安学校

卒業後

巡視船艇 士補

管区本部係員 海上保安部係員

海上保安部係長 大型巡視艇主任 大型巡視船士 小型巡視艇船長など

管区本部係長 海上保安部専門官 巡視船主任

海上保安部課長 管区本部専門官

1年目〜30年目
30年目〜

特修科へ (選考試験)

特修科は、海上保安学校卒業者などを幹部登用するための制度です。研修内容：初級幹部に必要な素養を養うことを目的としており、海上保安大学校において、1年または半年の研修を受けます。

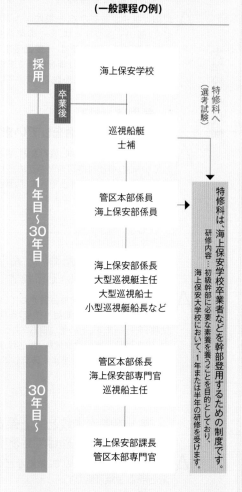

よくある質問 FAQ

大学校・学校編

Q1 海上保安官に向いているのはどんな人ですか?

A 幅広い業種があるので、一概に向き不向きは言えません。強いて言うならば、多くの卒業生が初任地として勤務する巡視船艇は、一度出港すると数日帰れない場合もあり、また仕事を組織で進めていくので、チームワークを重視できる人が向いているでしょう。

Q2 入学金、授業料は必要ですか?

A 海上保安大学校、海上保安学校ともに入学金や授業料は一切必要ありません。また、学内の生活に必要な制服や寝具類は貸与されます。ただし、教科書、食費、身の回り品などは自己負担です。入学時から毎月約16万円*の給与が支給されます。

＊初任科は毎月約19万円

Q3 学生は、休日、どのような生活をしていますか?

A 休日は、勉強、運動、趣味、旅行など、各自自由に過ごしています。外出は許可時間が定められていますが、平日・休日共に毎日外出できます。申請をすれば休日の前日から外泊もできます。

Q4 体力に自信がなくても平気ですか?

A 体力に自信がない学生も入学しますが、教官の指導と本人の努力により卒業までに海上保安官として必要な体力が身につきます。また、夏期に実施される遠泳訓練に向けて、能力に応じてプールや海で水泳訓練を行います。泳げないで入学してきた学生も本人の努力次第で泳げるようになります。

採用試験編

Q1 第1次試験のためにどんな勉強や準備をすればいいですか?

A 第1次試験では全試験種目共通して、公務員として必要な基礎的な能力(知識・技能)を問う「基礎能力試験」を行います。その他、課程によって「学科試験」や「作文試験」「課題論文試験」がありますので、受験をする課程の試験種目をよく確認して試験に臨んでください。

Q2 第2次試験ではどんなことをするのですか?

A 第2次試験では、次の試験を行います。
- 人物試験:人柄、対人能力などについての個別面接
- 身体検査:主として胸部疾患、血圧、尿、その他一般内科検査
- 身体測定:身長、体重、視力、色覚、聴力についての測定
- 体力検査:反復横跳び、上体起こし、鉄棒両手ぶら下がり*

＊海上保安学校海洋科学課程は「鉄棒両手ぶら下がり」のみ海上保安学校航空課程は第2次試験で身体検査、身体測定、体力検査を、第3次試験で人物試験、身体検査、適性検査を実施

Q3 海上保安大学校と海上保安学校の採用試験の併願はできますか?

A 試験日が異なりますので、年齢などの受験資格を満たせば、併願可能です。

Q4 受験にあたって有利となる学校、学科や資格はありますか? 文系からの受験でも大丈夫ですか?

A 採用試験は、必要な受験資格を有している方であれば、どなたでも受験可能です。受験生の出身校、経歴や取得している資格によって有利不利になることはありません。
また、受験することには文系、理系による区別はなく、実際に文系出身者も採用試験に合格し、入学しています。

現場編

Q1 海外勤務や他機関への出向はありますか?

A 大使館や国際機関などの在外機関に外交官として出向する機会があります。出向先としては、ロシア・中国・韓国などの近隣の国々に加え、東南アジア諸国や欧米などもあります。海上保安庁では、関係機関との人事交流を推進し、広い見識を備えた海上保安官の育成に努めるほか、さらなる関係機関との連携強化を進めています。

Q2 休みに旅行はできますか?

A 海上保安庁では事件・事故に対応するため、24時間即応体制をとっていますが、当番などを決めており、当番にあたらなければ旅行することもできます。

Q3 どれくらいの頻度で転勤がありますか?

A 人によってばらつきがありますが、2〜3年の頻度で転勤があります。また、海上保安大学校本科・初任科、海上保安学校管制課程・海洋科学課程・航空課程・一般課程(航空整備コース)は全国転勤、海上保安学校一般課程(航空整備コースを除く)は管区内転勤となっています。

その他

Q1 海上保安庁が開催する説明会はありますか?

A オンライン説明会を月に複数回開催しています。現場を経験したことのある現職の海上保安官が説明しますので、ぜひリアルな声を聞いてみてください。また、各地で開催される就職・進学説明会などに参加させていただくこともあります。ご要望があれば最寄りの海上保安庁の事務所にお問い合わせください。

オンライン説明会はコチラから

様々な研修

ほとんどの海上保安官は、大学校・学校を卒業後、巡視船艇に配属されます。その後は、経験を積みながら、自分の適性や希望に応じて様々な研修を受けることで、それぞれが目指す道に向けてキャリアアップを図っていきます。

海上保安大学校特修科

特修科

海上保安学校卒業者・門司分校修了生を対象とした将来の幹部候補生を養成する研修です。一定期間現場で仕事をした後、選抜された職員が、初級幹部として必要な素養を身につけます。

航空整備士研修

航空整備士研修

航空機の整備を行うエキスパートを養成する研修です。海上保安学校在学中に選抜試験に合格した者等が、航空機の機種毎に必要な知識・技能を身につけます。

潜水研修

潜水研修

海難事故が発生した場合に、転覆船等に取り残された方の救出や漂流者の救助等にあたる**潜水士**を養成する研修です。約2か月にわたる研修・訓練では、潜水業務に必要な知識・技術、転覆船を想定した救助活動等を行います。

語学研修

語学研修

外国人犯罪の捜査を行うためには外国語が不可欠であり、現場の捜査で必要なプロフェッショナルを養成する研修です。研修終了後、国際捜査官等として犯罪捜査等の業務に従事します。

COLUMN 02

海上保安学校の教育課程の見直し
～安定的かつ効率的な人材確保・育成のために～

総務部教育訓練管理官

海上保安庁では、令和4年12月に決定された「海上保安能力強化に関する方針」等に基づき、海上保安能力を着実に強化するために必要となる人材の確保・育成の推進等の「強固な業務基盤能力」の強化に取り組んでいます。

この一環として、安定的かつ効率的に人材を確保・育成していくため、海上保安学校の教育課程を見直し、新たに「船舶運航システム課程」に、令和6年4月入学者から航空整備士を養成する「整備コース」を、令和7年4月入学者から通信士を養成する「通信コース」を設置するとともに、「通信コース」の設置に伴い「情報システム課程」を廃止します。

「整備コース」は、航空整備士の養成対象をこれまで主として他の課程・コースの卒業生としていたところ、初等教育の段階から海上保安官の基礎教育のほか、航空整備士に必要な専門教育を行うことにより養成期間を短縮することが可能となります。

また、「通信コース」は、これまで2年間の教育を行う「情報システム課程」において海上保安官の基礎教育のほか、通信士と通信施設の保守・管理に従事する職員に必要な専門教育を行っていたところ、通信士の専門教育に重点を置くことで1年間の教育で通信士を養成することが可能となります。

なお、これらの見直しに伴い、令和7年4月から「船舶運航システム課程」の名称を「一般課程」に、「整備コース」を「航空整備コース」に変更することで、課程・コースの名称と教育内容の整合をとりました。

今後も、優秀な人材の確保に努め、多様化・複雑化する海上保安業務に適切に対応できる海上保安官を確保・育成していきます。

航空整備士の業務の様子　　巡視船通信士の業務の様子

ほかにも！海上保安官への道

海上保安学校門司分校（福岡県北九州市）

試験案内は
コチラから

　海上保安庁では、船舶、航空機や無線通信の有資格者を対象に門司分校での採用を行っています。

　海上保安学校門司分校では、採用された者に対して、約6か月間、海上保安官として必要な知識、技能および体力を錬成するための初任者研修を行っています。また、現場の職員に対して資質と能力の向上を図るための業務研修も行っています。

海上保安学校 門司分校 研修科
船艇職員初任者課程 第90期
松田 昌之

　私は、一般大学を卒業後、民間の警備会社に5年ほど勤めておりましたが、以前から抱いていた、司法警察職員として働きたいという思いが断ち切れずにいたところ、有資格者を対象とした海上保安学校門司分校の存在を知り、独学で航空無線通信士の資格を取得し、門司分校へ入校しました。

　門司分校では、20代から50代までの幅広い年齢層、官民を問わず様々な経歴を持つ方々が集まり、それぞれ慣れない授業や訓練、寮生活の中、研修生同士で、助け合いながら充実した日々を過ごしています。法学や鑑識など初めて学ぶ学問に苦戦しながらも、自分が目指した海上保安官となるべく同期と共に自己研鑽に励んでいます。

　将来的には、警備救難業務に携わる仕事がしたいと思っており、海上の治安の確保・人命救助のため全力で取り組みます。

海上保安学校宮城分校（宮城県岩沼市）

　海上保安学校宮城分校は、海上保安庁の航空要員を養成するための教育機関です。

　海上保安学校航空課程卒業者は、ヘリコプターの操縦資格を取得するほか、北九州航空研修センター（北九州空港内）において飛行機操縦資格を取得しています。

　また、現場で活躍している航空機職員（飛行士、整備士、航空通信士）に、それぞれの業務に必要な資格、特殊技能（吊上げ救助等）や航空機運航に関する安全対策知識を習得させています。

海上保安学校 宮城分校
回転翼基礎課程 第57期
中園 葵

　私は小学生の頃からパイロットになることが夢でした。大学在学中、海上保安庁にもパイロットとしての活躍の場があることを初めて知り、その業務内容に魅力を感じたことが入庁の動機です。

　海上保安学校宮城分校は、ヘリコプターパイロットを養成する機関として訓練環境が非常に整っています。ヘリコプターを運航するためには、法律や機体構造など多くの知識やその操縦技術を習得する必要がありますが、分かりやすい指導をしてくださる教官方や、お互いに切磋琢磨できる仲間に支えられ、現場の最前線で活躍できるパイロットを目指して日々研修に励んでいます。

　海上保安庁のパイロットは、海難救助や洋上パトロール等様々な業務に関わることができます。近年は女性パイロットも少しずつ増加しており、働きやすい環境が整っていると感じます。魅力を感じた方は、性別問わずぜひ挑戦してください。

国家公務員総合職採用（技術系）

試験案内は
コチラから

　海上保安庁海洋情報部・交通部では、国家公務員総合職技術系職員を採用しています。総合職技術系職員は、政策の企画立案、技術開発・研究等の経験を積み、将来的には幹部職員として海上保安行政に携わります。

海洋情報部

　採用当初は、海洋情報部内の技術系の部署に配属され、海洋調査や観測技術、海洋情報の収集・管理・提供等に関する実務や研究に携わります。その後は、海上保安庁内や他省庁において政策の企画・立案等の経験を積んだ後、将来的には海洋情報部の幹部として組織のマネジメントに携わります。他省庁への出向、国際機関や大使館での在外勤務といった幅広い活躍の場があります。

地球物理学に関する国際
学会で研究発表する職員

最新の自律型海洋観測装置
（AOV）を扱う職員

海上保安庁 海洋情報部
沿岸調査課 課長補佐

齋藤　宏彰

　就職を考えたとき、国家公務員として地球物理などの自然科学の知見を生かせる仕事をしたいと思い、海洋情報部を志望しました。入庁後は、日本の地震評価・研究に役立てるための海底地殻変動観測業務、米国留学、国際業務、国土交通省海洋政策課および在マレーシア日本国大使館への出向を経て、現在は船舶の航行に不可欠な**海図**を作製するための海底地形調査等を行う部署で勤務しています。海洋情報部の業務には、技術的なものだけでなく、技術的観点と政策的観点の両面からの検討が必要となる難しい課題もありますが、その分やりがいがあり、業務を通じて自分自身も成長できる仕事だと感じています。興味があれば、ぜひ当庁の総合職採用ホームページもチェックいただき、将来の進路の選択肢に入れていただければと思います。

交通部

　採用当初は、主に交通部内の海上交通に関する技術的な業務に携わります。その後、交通部以外の部署において政策の企画立案等の経験を積み、地方の管区海上保安本部等の管理職や他省庁への出向を経て、将来的には技術分野および安全分野における幹部職員として海上保安行政に携わります。また、JICA専門家としての海外派遣や国際会議への参加など、グローバルな活躍の場があります。

JICA専門家として
海上交通管制に関する技術支援を行う職員

第三管区海上保安本部
東京湾海上交通センター 次長

坂下　秀和

　交通部は、技術系職員として、その専門性を活かしつつ、行政的な仕事を担うことができるのが魅力の一つです。入庁後は、**海の安全情報**システムの整備やマリンレジャーの安全対策などに携わりました。印象に残っている仕事は、航路標識法の改正作業です。新たに航路標識を地域振興にも活用できるように協力団体制度を設ける改正で、地域のニーズをいかに法律に落とし込むか悩んで作業にあたりました。現在、協力団体の数や活動の幅が広がっているのを見ると充実感があります。現在は、東京湾の船舶の安全を担う管制官とともに日本の海上物流の安全を守っています。このように、技術的な知識をベースに、海をとりまく課題に挑戦していけることがこの仕事の醍醐味です。

総合職のキャリアパスモデル
※一例であり、個人の希望や適性等により異なります。

本庁係員 ▶ 本庁係長 ▶ 他省庁への出向 ▶ 海上保安部 課長 ▶ 管区海上保安本部 課長 ▶ 国際機関への出向 ▶ 本庁 課長補佐 ▶ 海上保安部 部長 ▶ 管区海上保安本部 部長 ▶ 本庁 課長 ▶ 本庁 部長

採用　　　10年目〜　　　　20年目〜　　　　30年目〜

ほかにも！海上保安官への道

国家公務員一般職採用

試験案内は
コチラから

　海上保安庁では、国家公務員一般職員を採用しています。採用試験に合格後は、本庁および管区海上保安本部等において、事務区分の場合は「総務・人事・福利厚生・会計部門」などの総務業務に、「技術区分」の場合は「情報通信、船舶等造修・保守、施設管理、航路標識整備部門」などの適性に応じた業務に携わります。

本庁総務部 人事課
人事情報処理官付
宇佐美 心

　私は令和2年度に国土交通事務官として採用され、これまで表彰関係業務を経験し、現在は人事情報処理業務を担当しています。

　入庁した当時は右も左もわからない状態でしたが、周りの方々に恵まれたことで業務のわからないことや不安に思っていることはすぐ相談できる環境で働くことができました。また、研修の一環で船艇や航空基地で業務を見学でき、より海上保安庁を知る機会をいただくこともできました。

　表彰関係業務を担当していた際は、長年海上保安庁職員として勤務された方に対しての叙勲推薦事務を主に行っていました。他にも、他省庁の表彰式で総理官邸へ行くことや、受章者の方を案内するために皇居へ行くこともあり、とても貴重な経験をさせていただきました。

　現在は、人事や給与に関するシステムの窓口となり、各実務担当者の方々のサポートをしています。制度やシステムなど勉強することはたくさんあり、大変だなと感じることもありますが、それ以上に自分の仕事が海上保安庁職員を支えられることにやりがいを感じます。

　そんなやりがいのある仕事を一緒にやってみませんか!!

第十一管区海上保安本部
経理補給部補給課
比屋根 柚香

　私は第十一管区海上保安本部（以後、本部）に事務官として採用され、会計業務を長らく経験し、その後、庶務や健康安全関係等の事務にも携わってきました。また事務官でも数少ない海上保安部の勤務、事務官初の離島勤務も経験しました。

　海上保安部では直接、船艇勤務の方と触れ合う機会も多く、現場第一線の雰囲気を間近で体験できました。当時の保安部勤務では健康安全関係を行っておりましたので、看護師のもと職員の健康管理、また健康診断の調整等を行っており、巡視船艇へ赴いて健康管理の啓発を行うこともありました。

　本部勤務では海上保安部等各事務所の上部機関として十一管区全体のとりまとめ発議等を行っており、現在所属している補給課では船艇や航空機の燃料調達をメインに、海上保安部や航空基地の海上保安業務で使用する物品の調達などを行っています。

　また私ごとですが、縁あって海上保安官と結婚・出産も経験し、現在夫婦共々育児に奮闘中です。男性が多い職場ですが、出産・育児に理解がある方が多く、ゆとりを持って仕事と育児を両立しています。事務官はまだ少人数ですが、海上保安官の方や事務官同士も仲良く和気あいあいとしています。

　仕事は現場第一線で活躍する海上保安官の補佐的存在ですが、縁の下の力持ち💪その力もあって現場で活躍している海上保安官がいる!! という気持ちで業務に励んでいます。

　そんな事務官にも理解ある職場を、ともにサポートをしてくれる皆さんと一緒に働けることを心待ちにしています。＾＾/

　人事院実施の総合職および一般職試験の合格者を対象に官庁訪問等の面談を実施してからの採用となります。また、年によって採用予定人数が異なりますので詳細は人事院ホームページ等でご確認をお願いします。

海上保安庁の任務・体制

　我が国周辺海域では、毎年数多くの事件・事故が発生しており、海上保安庁では、日々、こうした事件・事故の未然防止に努めるとともに、遠方離島海域における領海警備や、海洋権益の確保、船舶交通の安全の確保等、様々な業務にあたっています。なかでも、尖閣諸島周辺海域で執拗に繰り返されている中国海警局に所属する船舶による領海侵入や、外国の海洋調査船による我が国の同意を得ない海洋調査活動への対応等、海上保安庁の業務はますます多様化し、その重要性が高まっています。

　ここでは、海上保安庁の任務とその基盤となる体制について紹介します。

1 | 海上保安庁の任務

　海上保安庁は、「海上の安全及び治安の確保を図ること」を任務としています。この任務を果たすため、広大な「海」を舞台に、国内の関係機関のみならず、国外の海上保安機関等とも連携・協力体制の強化を図りつつ、治安の確保、海難救助、海洋環境の保全、自然災害への対応、海洋調査、海洋情報の収集・管理・提供、船舶交通の安全の確保等、多種多様な業務を行っています。

海上保安庁法（昭和23年法律第28号）〈抄〉

第2条第1項　海上保安庁は、法令の海上における励行、海難救助、海洋汚染等の防止、海上における船舶の航行の秩序の維持、海上における犯罪の予防及び鎮圧、海上における犯人の捜査及び逮捕、海上における船舶交通に関する規制、水路、航路標識に関する事務その他海上の安全の確保に関する事務並びにこれらに附帯する事項に関する事務を行うことにより、海上の安全及び治安の確保を図ることを任務とする。

海上保安庁の任務・体制

2 | 我が国周辺海域を取り巻く情勢

　我が国周辺海域において、海上保安庁が直面する重大な事態は年々多様化しており、全国各地であらゆる事案が発生しています。海上保安庁では、全国に配備した巡視船艇、航空機等の勢力により、国民の皆様の安全・安心をこれからも守り抜くという断固たる決意を胸に、24時間365日、今この瞬間も日本の海を守っています。

| 我が国周辺海域における重大な事案 |

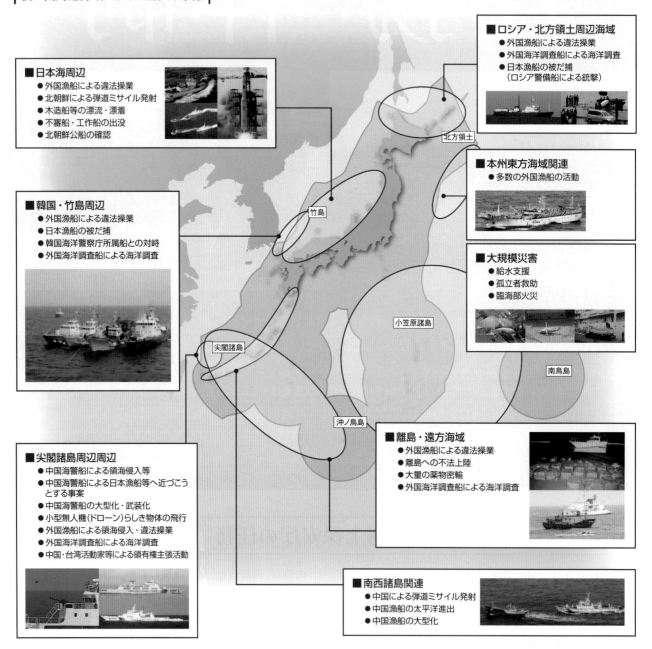

■日本海周辺
- 外国漁船による違法操業
- 北朝鮮による弾道ミサイル発射
- 木造船等の漂流・漂着
- 不審船・工作船の出没
- 北朝鮮公船の確認

■韓国・竹島周辺
- 外国漁船による違法操業
- 日本漁船の被だ捕
- 韓国海洋警察庁所属船との対峙
- 外国海洋調査船による海洋調査

■尖閣諸島周辺周辺
- 中国海警船による領海侵入等
- 中国海警船による日本漁船等へ近づこうとする事案
- 中国海警船の大型化・武装化
- 小型無人機(ドローン)らしき物体の飛行
- 外国漁船による領海侵入・違法操業
- 外国海洋調査船による海洋調査
- 中国・台湾活動家等による領有権主張活動

■ロシア・北方領土周辺海域
- 外国漁船による違法操業
- 外国海洋調査船による海洋調査
- 日本漁船の被だ捕 (ロシア警備船による銃撃)

■本州東方海域関連
- 多数の外国漁船の活動

■大規模災害
- 給水支援
- 孤立者救助
- 臨海部火災

■離島・遠方海域
- 外国漁船による違法操業
- 離島への不法上陸
- 大量の薬物密輸
- 外国海洋調査船による海洋調査

■南西諸島関連
- 中国による弾道ミサイル発射
- 中国漁船の太平洋進出
- 中国漁船の大型化

竹島　北方領土　小笠原諸島　南鳥島　尖閣諸島　沖ノ鳥島

　尖閣諸島周辺海域では、中国海警局に所属する船舶がほぼ毎日確認され、**領海**侵入も繰り返されており、中国海警局に所属する船舶の大型化、武装化、増強も進んでいます。日本海に目を移すと、大和堆周辺海域では、外国漁船による違法操業が確認され、沿岸部では北朝鮮からのものと思料される漂流・漂着木造船等も確認されています。加えて、覚醒剤等の密輸事犯や我が国の同意を得ない外国海洋調査船による調査活動など、我が国周辺海域を取り巻く情勢は依然として大変厳しい状況にあります。

3 | 海上保安能力強化に関する方針の決定

海上保安能力強化に関する方針

　平成28年12月に開催された、「海上保安体制強化に関する関係閣僚会議」において、「海上保安体制強化に関する方針」が決定され、海上保安庁では、当該方針に基づき、尖閣**領海**警備のための大型巡視船等の整備など、海洋秩序の維持強化のための取組を推進してきました。そのような中、令和4年12月には、さらに厳しさを増す我が国周辺海域の情勢を踏まえ、「海上保安能力強化に関する関係閣僚会議」が開催され、「海上保安能力強化に関する方針」が決定されました。これにより、巡視船・航空機等の大幅な増強整備などのハード面の取組に加え、新技術の積極的活用や、警察、防衛省・自衛隊、外国海上保安機関等の国内外の関係機関との連携・協力の強化、サイバー対策の強化などのソフト面の取組もあわせて推進することにより、海上保安業務の遂行に必要な6つの能力（海上保安能力）を一層強化していくこととなります。

我が国安全保障上の海上法執行の役割

　令和4年12月に策定された新たな国家安全保障戦略においては、「我が国の安全保障において、海上法執行機関である海上保安庁が担う役割は不可欠である」と明記され、「海上保安能力を大幅に強化し、体制を拡充する。」という政府としての大きな方向性が示されています。

海上保安庁の任務・体制

海上保安庁の任務・体制

強化すべき6つの能力

1 新たな脅威に備えた高次的な尖閣領海警備能力

中国海警船の大型化・武装化や増強への対応に加え、中国海警船や大型中国漁船の大量来航など、あらゆる事態への対処を念頭に、これらに対応するための巡視船等の整備を進めます。

2 新技術等を活用した隙の無い広域海洋監視能力

無操縦者航空機と飛行機・ヘリコプターを効率的に活用した監視体制の構築や、次世代の衛星と人工知能（AI）等の新技術を活用した情報分析等による情報収集分析能力の強化を進めます。

3 大規模・重大事案同時発生に対応できる強靱な事案対処能力

原発等へのテロの脅威、多数の外国漁船による違法操業、住民避難を含む大規模災害等への対応等の重大事案への対応体制を強化するため、巡視船の機能強化や調査・研究を進めます。

4 戦略的な国内外の関係機関との連携・支援能力

警察、防衛省・自衛隊等の関係機関との情報共有・連携体制を一層強化します。また、「自由で開かれたインド太平洋」の実現に向けて、法とルールの支配に基づく海洋秩序維持の重要性を各国海上保安機関との間で共有するとともに、外国海上保安機関等との連携・協力や諸外国への海上保安能力向上支援を一層推進します。

5 海洋権益確保に資する優位性を持った海洋調査能力

他国による海洋境界等の主張に対し、我が国の立場を適切な形で主張するべく、測量船や測量機器等の整備や高機能化を進め、海洋調査や調査データの解析等を進めます。

6 強固な業務基盤能力

海上保安能力を着実に強化していくため、教育訓練施設の拡充等を進めるとともに、サイバーセキュリティ上の新たな脅威にも対応した情報通信システムの強靱化を進めます。また、巡視船艇・航空機等の整備に伴って必要となる基地整備や、巡視船艇・航空機等の活動に必要な運航費の確保、老朽化した巡視船艇・航空機等の計画的な代替整備を進めるとともに、巡視船の長寿命化を推進します。

巡視船・航空機整備状況

　「海上保安能力強化に関する方針」に基づき増強整備されている巡視船、測量船、航空機の建造から就役までの期間のイメージは、以下のとおりです。

巡視船、測量船

凡例：▶新規 ▶継続 ▶就役済

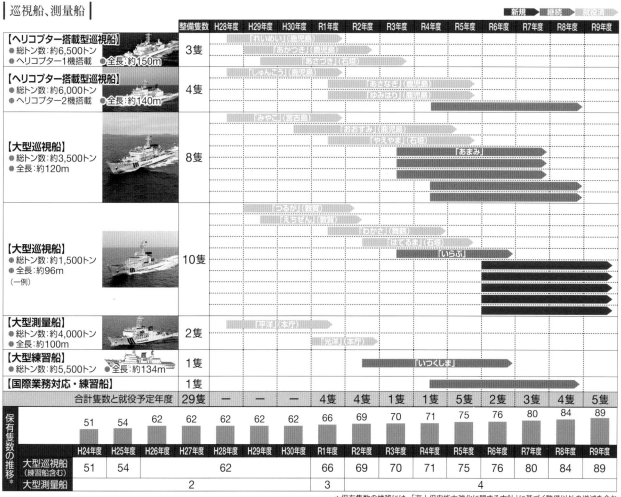

	整備隻数	H28年度	H29年度	H30年度	R1年度	R2年度	R3年度	R4年度	R5年度	R6年度	R7年度	R8年度	R9年度
【ヘリコプター搭載型巡視船】●総トン数：約6,500トン ●ヘリコプター1機搭載 ●全長：約150m	3隻	「れいめい」(鹿児島) 「あかつき」(鹿児島) 「あさつき」(石垣)											
【ヘリコプター搭載型巡視船】●総トン数：約6,000トン ●ヘリコプター2機搭載 ●全長：約140m	4隻	「しゅんこう」(鹿児島) 「あさなぎ」(鹿児島) 「ゆみはり」(石垣)											
【大型巡視船】●総トン数：約3,500トン ●全長：約120m	8隻	「みやこ」(宮古島) 「おおすみ」(鹿児島) 「やえやま」(石垣) 「あまみ」											
【大型巡視船】●総トン数：約1,500トン ●全長：約96m (一例)	10隻	「つるが」(教育) 「えちぜん」(教育) 「わかさ」(舞鶴) 「すずやま」(石垣) 「いらぶ」											
【大型測量船】●総トン数：約4,000トン ●全長：約100m	2隻	「平洋」(本庁) 「光洋」(本庁)											
【大型練習船】●総トン数：約5,500トン ●全長：約134m	1隻	「いつくしま」											
【国際業務対応・練習船】	1隻												
合計隻数と就役予定年度	29隻	—	—	—	4隻	4隻	1隻	1隻	5隻	2隻	3隻	4隻	5隻

保有隻数の推移

	H24年度	H25年度	H26年度	H27年度	H28年度	H29年度	H30年度	R1年度	R2年度	R3年度	R4年度	R5年度	R6年度	R7年度	R8年度	R9年度
合計	51	54	62	62	62	62	62	66	69	70	71	75	76	80	84	89
大型巡視船(練習船含む)	51	54	62					66	69	70	71	75	76	80	84	89
大型測量船	2							3			4					

＊保有隻数の推移には、「海上保安能力強化に関する方針」に基づく整備以外の増減を含む

航空機（測量機含む）

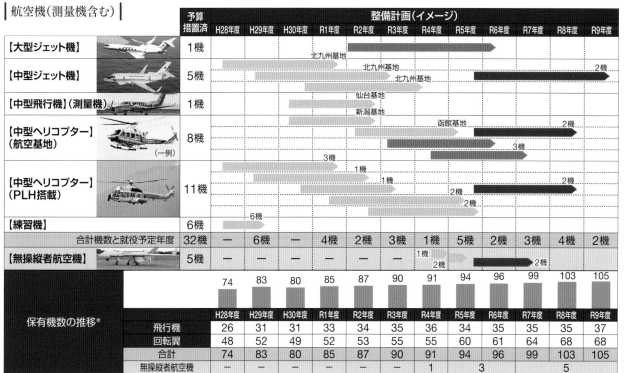

	予算措置済	H28年度	H29年度	H30年度	R1年度	R2年度	R3年度	R4年度	R5年度	R6年度	R7年度	R8年度	R9年度
【大型ジェット機】	1機					北九州基地							
【中型ジェット機】	5機					北九州基地	北九州基地						2機
【中型飛行機】(測量機)	1機					仙台基地 新潟基地							
【中型ヘリコプター】(航空基地)	8機							函館基地		3機		2機	
【中型ヘリコプター】(PLH搭載)	11機			3機	1機	1機		2機	2機			2機	
【練習機】	6機	6機											
合計機数と就役予定年度	32機	—	6機	—	4機	2機	3機	1機	5機	2機	3機	4機	2機
【無操縦者航空機】	5機	—	—	—	—	—	—	1機	2機	2機			

保有機数の推移

	H28年度	H29年度	H30年度	R1年度	R2年度	R3年度	R4年度	R5年度	R6年度	R7年度	R8年度	R9年度
合計	74	83	80	85	87	90	91	94	96	99	103	105
飛行機	26	31	31	33	34	35	36	34	35	35	35	37
回転翼	48	52	49	52	53	55	55	60	61	64	68	68
合計	74	83	80	85	87	90	91	94	96	99	103	105
無操縦者航空機	—	—	—	—	—	—	1	3		5		

＊保有隻数の推移には、「海上保安能力強化に関する方針」に基づく整備以外の増減を含む

海上保安庁の任務・体制

海上保安能力強化に関する方針 〈抄〉

3 海上保安能力強化の基本的な考え方

海上保安庁は、その設立当初から法執行機関として、国内法及び国際法に則り、海上の安全や治安の確保を図っており、近年、力及び威圧による一方的な現状変更やその試みに対しては、法とルールの支配に基づく海洋秩序の維持を訴えるとともに、尖閣諸島周辺海域の**領海**警備に当たっては、事態をエスカレーションさせることなく業務を遂行し、武力紛争への発展を抑止しているなど、我が国の安全保障上、重要な役割を担っている。

そのため、今般、新たな国家安全保障戦略等を踏まえ、巡視船・航空機等の整備といったハード面での取組に加え、新技術の積極的な活用や、警察、防衛省・自衛隊、外国海上保安機関等の国内外の関係機関との連携・協力の強化といったソフト面の取組も推進することにより、海上保安能力、すなわち、厳しさを増す我が国周辺海域の情勢等に対応するための海上保安業務の遂行に必要な能力を強化するものとする。

4 強化すべき6つの能力

海上保安能力に関して、強化を行う必要のある主たる能力は、以下の6つの能力とする。

(1)新たな脅威に備えた高次的な尖閣領海警備能力

尖閣諸島周辺海域における中国海警船や外国漁船の**領海**侵入事案に対応するため、尖閣**領海**警備専従体制及び外国漁船対応体制の整備のほか、中国海警船の大型化・武装化や増強に対応するための巡視船等の整備を進めてきたところ、これに加え、中国海警船や大型中国漁船の大量来航など、あらゆる事態への対処も念頭に、これに対応できる巡視船等の整備も進め、更なる体制強化を図る。

また、警察、防衛省・自衛隊をはじめとする関係機関との連携・協力を一層強化するとともに、情報収集分析能力の強化やサイバーセキュリティ上の脅威に対応するための情報通信システムの強靱化にも取り組むことにより、効果的かつ効率的で持続性の高い尖閣**領海**警備能力を構築するものとする。

(2)新技術等を活用した隙の無い広域海洋監視能力

広大な海域において外国公船、外国漁船、外国海洋調査船等やテロ等の脅威に対する監視体制を重点的に強化するため、無操縦者航空機をはじめとした新技術を活用するものとし、無操縦者航空機と飛行機・ヘリコプターとの効率的な業務分担も考慮した監視体制を構築するとともに、監視拠点の整備を進める。また、次世代の衛星と人工知能（AI）を総合的に活用した情報分析等による情報収集分析能力の強化のほか、監視情報の集約・分析等に必要な情報通信体制の構築、警察、防衛省・自衛隊をはじめとする関係機関との連携・協力の一層強化を図ることにより、隙の無い広域海洋監視能力を構築するものとする。

(3)大規模・重大事案同時発生に対応できる強靱な事案対処能力

現下の厳しいテロ情勢や北朝鮮による執拗かつ一方的な挑発的行動、後を絶たない外国漁船による違法操業、自然災害の頻発等を踏まえ、原子力発電所等へのテロの脅威への対処、離島・遠方海域における**領海**警備、多数の外国漁船による違法操業への対応、住民避難を含む大規模災害等への対応など、大規模・重大事案への対応が求められる場合であっても適切に対処するために必要な巡視船等の整備を進める。

また、中国海警船等が大量に尖閣諸島周辺海域に集結する場合に、全国から巡視船等の緊急応援派遣を行ったときでも、各管区で必要な業務を支障なく遂行し、かつ、他の大規模・重大事案が同時に発生した場合であっても対応できる体制を確保する。

さらに、想定される事態と必要な措置等を見据え、新技術の活用も念頭に置いた対応体制の整備を進めるとともに、警察、防衛省・自衛隊等の関係機関との連携・協力の一層強化を図ることにより、強靱な事案対処能力を構築するものとする。

(4)戦略的な国内外の関係機関との連携・支援能力

いかなる事態に対しても切れ目のない十分な対応を確保するため、警察、防衛省・自衛隊等の関係機関との情報共有・連携体制を一層強化する。特に、海上保安庁と防衛省・自衛隊は、それぞれの役割分担の下、あらゆる事態に適切に対応するため、情報共有・連携の深化や、武力攻撃事態時における防衛大臣による海上保安庁の統制要領の策定や共同訓練の実施も含めた、各種の対応要領や訓練の充実を図るものとする。

また、「自由で開かれたインド太平洋」の実現に向けて、法とルールの支配に基づく海洋秩序維持の重要性を各国海上保安機関との間で共有するとともに、外国海上保安機関等との連携・協力や諸外国への海上保安能力向上支援を一層推進する。

さらに、厳しさを増す安全保障環境や海洋政策課題の複雑化・広域化に対応するための**海洋状況把握（MDA）**分野における諸外国等との連携・協力による情報ネットワークを強化するとともに、海上保安分野の学術的な研究・分析や提言の対外発信力の強化を図るものとする。

(5)海洋権益確保に資する優位性を持った海洋調査能力

他国による我が国周辺海域での海洋権益の主張や海洋調査の実施及びその成果の発信に対し、我が国の海洋権益及び海洋情報の優位性を確保する。このため、測量船や測量機器等の整備や高機能化を進めるとともに、取得したデータの管理・分析及びその成果の対外発信能力の強化や、外交当局等の国内関係機関との連携・協力を図る。

これらにより、海洋権益確保に資する海洋調査等を計画的かつ効率的・効果的に実施できる能力を構築するものとする。

(6)強固な業務基盤能力

上記の海上保安能力を着実に強化していくため、必要となる人材の確保・育成や定員の増員、教育訓練施設の拡充等を進めるとともに、サイバーセキュリティ上の新たな脅威にも対応した情報通信システムの強靱化を図るものとする。

また、巡視船・航空機等の整備に伴って必要となる基地整備や、巡視船艇・航空機の活動に必要な運航費の確保、老朽化した巡視船艇・航空機の計画的な代替整備を進めるとともに、巡視船の長寿命化を図るものとする。

さらに、効率的かつ効果的な業務遂行や省人・省力化の観点からも、人工知能(AI)等の新技術の活用に向けた取組を推進していくものとする。

5 必要な勢力等の整備

海上保安能力の強化に必要となる巡視船・航空機等の勢力等については、必要性や緊急性の高いものから段階的に大幅な増強整備を進めるものとし、情勢の変化等に臨機に対応するため、定期的に必要な見直しを行うものとする。

6 留意事項

(1) 本方針の内容は、定期的に体系的な評価を行い、適時適切にこれを見直していくこととし、我が国周辺海域を取り巻く情勢等に重要な変化が見込まれる場合には、その時点における情勢を十分に勘案した上で検討を行い、必要な修正を行う。

(2) 本方針は、「国家安全保障戦略」や「総合的な防衛体制の強化」等の我が国の他の諸施策との連携・整合を図りつつ、本方針を踏まえて、海上保安能力確保のための体制や運用の強化のための所要の経費及び定員の確保を行う。(注)

(3) その際には、格段に厳しさを増す財政事情を勘案し、「経済財政運営と改革の基本方針2022」（「骨太の方針2022」（令和4年6月7日閣議決定)）等の財政健全化に向けた枠組みの下、効率化・合理化の徹底に努める。

(注) 令和9年度における海上保安庁の当初予算額を令和4年度の水準からおおむね0.1兆円程度増額

海上保安庁の任務・体制

海上保安庁の任務・体制

4 | 機構

海上保安庁は、国土交通省の外局として設置されており、本庁（東京都）の下、日本全国に管区海上保安本部、海上保安部等を配置し、一元的な組織運用を行っています。

本庁

本庁には、長官の下に、内部部局として総務部、装備技術部、警備救難部、海洋情報部、交通部の5つの部を置いています。本庁は、基本的な政策の策定、法令の制定や改正、他省庁との調整等を実施しており、海上保安行政の「舵取り」を担っています。

管区海上保安本部・海上保安部等

海上保安庁では、全国を11の管区に分け、それぞれに地方支分部局である管区海上保安本部を設置し、担任水域を定めています。

また、管区海上保安本部には、海上保安部、海上保安署、航空基地等の事務所を配置し、巡視船艇や航空機等を配備しています。これらの事務所や巡視船艇、航空機等により、治安の確保や人命救助等の現場第一線の業務にあたっています。

教育訓練機関

海上保安庁では、将来の海上保安官の養成や、現場の海上保安官の能力向上のための教育訓練機関として、海上保安大学校（広島県）、海上保安学校（京都府）を設置しています。（詳しくは31ページからの特集3「目指せ!海上保安官」をご覧ください。）

機構図 (令和6年4月1日現在)

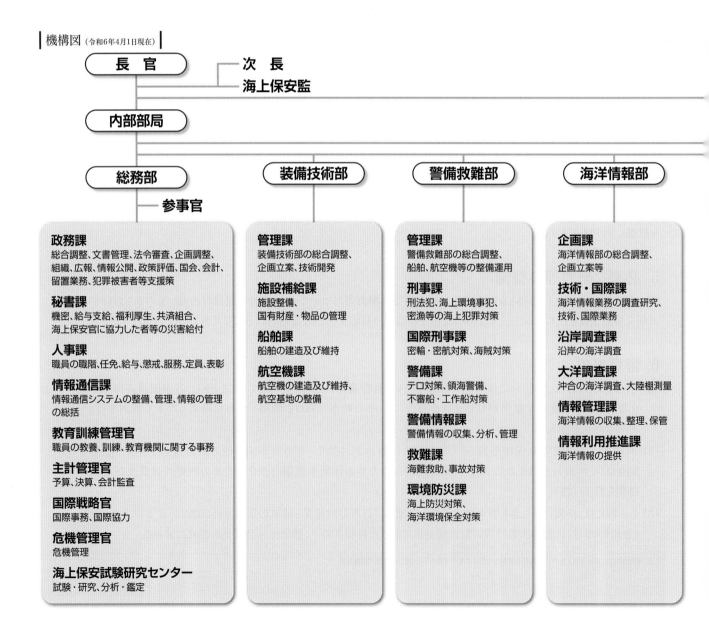

海上保安庁の令和6年度機構改正は以下のとおりです。

海上保安業務における新技術の活用のための施策立案・調整を統括し、庁内横断的にイノベーションを推進していく体制を構築するため、本庁総務部政務課に、「海上保安新技術活用推進官」を設置。

| 管区海上保安本部担任水域概略図 |

● 管区海上保安本部

第一管区
第二管区
第三管区
第四管区
第五管区
第六管区（瀬戸内海等）
第七管区
第八管区
第九管区
第十管区
第十一管区

小樽
新潟
塩釜
舞鶴
広島
横浜
北九州
神戸
名古屋
鹿児島
那覇

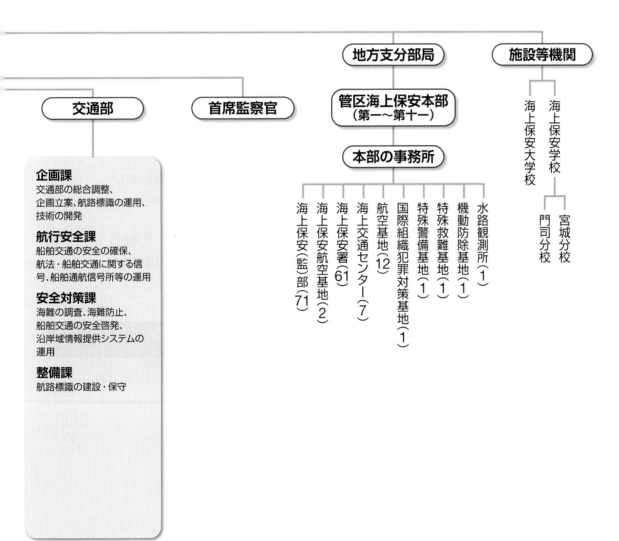

地方支分部局

施設等機関

交通部

首席監察官

管区海上保安本部
（第一〜第十一）

本部の事務所

海上保安大学校

海上保安学校

門司分校

宮城分校

企画課
交通部の総合調整、企画立案、航路標識の運用、技術の開発

航行安全課
船舶交通の安全の確保、航法・船舶交通に関する信号、船舶通航信号所等の運用

安全対策課
海難の調査、海難防止、船舶交通の安全啓発、沿岸域情報提供システムの運用

整備課
航路標識の建設・保守

海上保安（監）部（71）

海上保安航空基地（2）

海上保安署（61）

海上交通センター（7）

航空基地（12）

国際組織犯罪対策基地（1）

特殊警備基地（1）

特殊救難基地（1）

機動防除基地（1）

水路観測所（1）

■本文中の**太字の語句**は、166ページからの「語句説明」に解説を掲載しています。

海上保安庁の任務・体制

5 | 定員

令和5年度末現在、海上保安庁の定員は14,681人であり、このうち、管区海上保安本部等の地方部署の定員は12,390人となっています。また、巡視船艇・航空機等には7,192人の海上保安官が乗り組み、現場第一線で業務に従事しています。

令和6年度は、海上保安能力の強化や国民の安全・安心を守る業務基盤の充実のための要員として、393人を増員し、海上保安の基盤強化を推進しました。

令和5年度における増員の内容	(単位:人)
1.海上保安能力の強化	**215**
(1)新たな脅威に備えた高次的な尖閣領海警備能力	41
(2)新技術等を活用した隙の無い広域海洋監視能力	23
(3)大規模・重大事案同時発生に対応できる強靭な事案対処能力	1
(4)戦略的な国内外の関係機関との連携・支援能力	28
(5)海洋権益確保に資する優位性を持った海洋調査能力	23
(6)強固な業務基盤能力	99
2.国民の安全・安心を守る業務基盤の充実	**178**
(1)治安・安全対策等の強化	178
合　計	**393**

※令和6年度末定員　14,788人　　　　　　　　　　　　　　　　　　　※定員合理化等　286人

6 | 予算

海上保安庁の令和6年度予算額は、令和4年12月に策定された「海上保安能力強化に関する方針」を受け、過去最大の2,611億円となっています。このうち、人件費として1,107億円、巡視船・航空機等の整備費として439億円、運航費（燃料費、修繕費等）として524億円を計上しています。

また、令和5年度補正予算では、784億円が措置されています。

令和6年度の予算

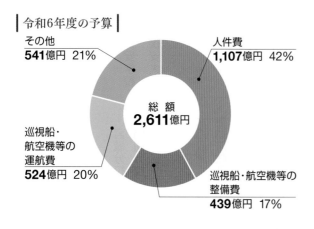

その他 **541**億円 21%
人件費 **1,107**億円 42%
総額 **2,611**億円
巡視船・航空機等の運航費 **524**億円 20%
巡視船・航空機等の整備費 **439**億円 17%

令和6年度の予算の重点事項	(単位:億円)
1. 海上保安能力の強化	**1,232**
(1)新たな脅威に備えた高次的な尖閣領海警備能力	213.2
(2)新技術等を活用した隙の無い広域海洋監視能力	146.3
(3)大規模・重大事案同時発生に対応できる強靭な事案対処能力	13.2
(4)戦略的な国内外の関係機関との連携・支援能力	3.8
(5)海洋権益確保に資する優位性を持った海洋調査能力	39.9
(6)強固な業務基盤能力	815.2
2. 国民の安全・安心を守る業務基盤の充実（再掲を除く）	**85**
(1)救助・救急体制の強化(再掲を含む)	5.7
(2)治安・防災業務の充実	10.9
(3)海上交通の安全確保	37.2
(4)防災・減災、国土強靱化の推進	33.7

その他(内訳)		
船舶交通安全基盤整備事業(公共事業)	247億円	9.5%
海洋調査経費	17億円	0.6%
官署施設費	44億円	1.7%
維持費等一般経費	233億円	8.9%

注1　端数処理の関係で、合計額は必ずしも一致しない。
注2　デジタル庁へ振り替える経費(16億円)を含む。

7 | 装備

海上保安庁では、令和5年度末現在、475隻の船艇と97機の航空機を運用しています。（船艇・航空機の種別については、66～69ページをご覧ください。）

今後の具体的な整備については、「海上保安能力強化に関する方針」に基づき、巡視船等14隻及び航空機13機の増強整備を推進するとともに、老朽化した巡視船艇等14隻及び航空機2機の代替整備を推進していきます。

これら巡視船艇等28隻、航空機15機の整備を着実に進めることにより、海上保安能力の強化を一層推進していきます。

令和6年度の船艇・航空機の整備状況

海上保安能力の強化			
増強整備	巡視船	ヘリコプター搭載型巡視船(PLH型)	1隻
		国際業務対応・練習船	1隻
		大型練習船	1隻
		3,500トン型巡視船(PL型)	5隻
		1,000トン型巡視船(PL型)	6隻(うち*5隻)
	航空機	大型ジェット機	1機
		中型ジェット機	*2機
		無操縦者航空機	*2機
		中型ヘリコプター	8機(うち*4機)
	合計		14隻(うち*5隻)・13機(うち*8機)

代替整備	巡視船艇等	ヘリコプター搭載型巡視船(PLH型)	4隻(うち*2隻)
		小型巡視船(PS型)	*1隻
		小型巡視艇(CL型)	*7隻
		大型測量船(HL型)	*1隻
		小型測量船(HS型)	1隻
	航空機	中型ヘリコプター	2機(うち*1機)
	合計		14隻(うち*11隻)・2機(うち*1機)

＊令和5年度補正予算又は令和6年度予算で着手したもの

8 | 監察

海上保安庁は、国民の視点に立った公正かつ効率的な行政運営を行う義務を負い、海上保安官は国家公務員であると同時に司法警察職員として、より厳正な規律の保持が求められています。また、危険性が高い特殊な環境であっても業務を迅速かつ的確に遂行しなければならないため、常に安全に関する高い意識も求められています。

このため、本庁に首席監察官を、管区海上保安本部に管区首席監察官を設置し、業務の実施状況や事故・不祥事の監察を実施しています。

具体的には、毎年度、全国の管区海上保安本部や本部の事務所、船艇を対象に実地調査や書面調査により監察を行っています。また、事故や不祥事が発生した際には、その発生状況の調査と原因を究明します。

こうした監察により海上保安庁における問題点及び改善すべき事項を明らかにし、職場や業務環境の改善向上、事故等の未然防止や再発防止を図るとともに、公正かつ効率的な行政運営に努めています。

■本文中の**太字の語句**は、166ページからの「語句説明」に解説を掲載しています。

9 | 政策評価

海上保安庁では、国民の皆様のニーズに沿って戦略的に行政運営を行うため、「行政機関が行う政策の評価に関する法律」等に基づき、以下の方法を用いることを基本とし、政策評価を実施しています。

(1)政策チェックアップ(事後評価)

施策目標ごとに業績指標とその目標値を設定し、定期的に業績を測定して目標の達成度を評価する手法です。

(2)政策レビュー(事後評価)

既存施策について、国民の皆様の関心の高いテーマを選定し、政策の実施とその効果との関連性や外部要因を踏まえた政策の効果等を詳細に分析し、評価を実施します。

このほか、政策の特性に応じて、個別公共事業評価や規制の政策評価等を実施しています。

また、海上保安庁は、「中央省庁等改革基本法」等に基づき、実施庁として位置付けられており、国土交通省が実施庁の達成すべき目標を設定し、同省がその目標に対する実績を評価する「実施庁評価」の対象にもなっています。

海上保安庁では、これらの政策評価を通じ、今後も、国民の皆様に対する行政の説明責任を徹底し、質の高い行政サービスの提供に努めます。

10 | 広報

近年、尖閣諸島周辺海域における**領海**警備や、日本海大和堆周辺海域における外国漁船による違法操業への対応、頻発・激甚化する自然災害への対応等により、海上保安庁に対する国民の皆様の認知度や関心が高まっています。その一方で、海上保安庁の業務は海上で行われることが多いため、国民の皆様の目に触れる機会は限られています。海上保安庁では、国民の皆様に海上保安庁の業務に対する理解を深めていただくため、

● **積極的な広報による情報提供**
● **全国各地でのイベント等の開催、海上保安庁音楽隊の演奏会を通じたPR活動**
● **インターネットを利用した情報発信や動画配信による情報提供**

等の様々な広報活動を実施しています。

海上保安庁に関するお問い合わせは、総務部政務課政策評価広報室までお願いします。皆様からいただいたご意見・ご質問は、海上保安庁の業務をより良くするために活用させていただきます。

海上保安庁HP

海上保安庁ホームページでは、海上保安の任務、各種資料や申請・手続きについて情報提供を行っています。

 海上保安庁
HP

 海上保安庁
英語版HP

海上保安庁 公式X（旧Twitter）

海上保安庁公式Xでは、業務や行事などを中心に国民の皆さまにお知らせしたい情報を発信しています。

海上保安庁 ✓
@JCG_koho

海上保安庁公式アカウントです。海上保安庁ホームページの新着情報を中心に、国民の皆さまにお知らせしたい情報を発信していきます。
運用ポリシーはこちら⇒kaiho.mlit.go.jp/soshiki/soumu/...

📍 東京都千代田区霞ヶ関２−１−３ 🔗 kaiho.mlit.go.jp
📅 2014年12月からTwitterを利用しています

海上保安庁 採用X（旧Twitter）

海上保安庁採用Xでは、採用情報を中心に海上保安庁を目指す皆さまにお知らせしたい情報を発信しています。

海上保安庁@採用担当 ✓
@JCG_saiyou

海上保安庁採用担当アカウントです。海上保安庁の採用情報のほか、学生生活、仕事の内容など、海上保安庁を目指す受験生の皆様に必要な情報を発信していきます。運用ポリシーはこちら→kaiho.mlit.go.jp/soshiki/sns-ac...

📍 東京 千代田区霞ヶ関2-1-3 🔗 kaiho.mlit.go.jp/recruitment/
📅 2020年6月からTwitterを利用しています

海上保安庁 YouTube

海上保安庁YouTube公式アカウントでは、海上保安庁の活動に関する情報など、様々な情報を発信しています。

海上保安庁 Instagram

海上保安庁公式インタグラムでは、普段あまり目にすることのない海上保安庁の業務などを中心に知られざる海上保安庁の魅力を発信しています。

かいほジャーナル

かいほジャーナルは海上保安庁の広報誌で、全国各地の海上保安部署等の業務や特色を分かりやすく紹介しています。

令和5年度は、
● 第五管区海上保安本部大阪湾**海上交通センター**
● 第二管区海上保安本部青森海上保安部
● **世界海上保安機関長官級会合**
● 第一管区海上保安本部釧路航空基地
の特集記事を掲載しています。

全国の海上保安部署にご用意していますので、是非ご覧ください。（数に限りがあります。）

93号

94号

95号

96号

海上保安庁の任務・体制

いっしょにおぼえよう「海の事件事故は118番」
～小野　あつこさんがイメージモデル就任～

海上保安庁緊急通報用電話番号「**118番**」は、海難や悪質・巧妙化する密輸・密航等の事犯に迅速かつ的確に対応するため、平成12年5月から導入されたものです。

「**118番**」の重要性をより一層、多くの方々に理解してもらうため、平成22年度から毎年1月18日を「**118番の日**」としました。

118番通報が導入されてから23年、通報の多くが間違い電話等であり、未だ十分に浸透していない状況です。

「**118番**」の認知度向上を図るため、2024年海上保安庁118番イメージモデルとして、子ども達やその親世代に絶大な人気がある「小野 あつこ」さんを迎えました。

海上保安庁は「小野 あつこ」さんといっしょに、「**118番**」を有効に利用していただくため、引き続き、認知度向上に努めます。

ポスター

2024年 海上保安庁 118番イメージモデル 小野 あつこ

リーフレット

11 | 全国各地の海上保安庁関係施設

　海上保安庁では、全国を11の管区に分け、それぞれに地方支分部局である管区海上保安本部を設置しています。また、管区海上保安本部には、海上保安部、海上保安署、航空基地等の事務所を配置し、巡視船艇や航空機等を配備しています。全国各地に配備したこれらの勢力により、いかなる事態が発生した際にも、迅速に現場に駆け付ける体制を常に整えています。

（令和6年4月1日現在）

勢　力	（令和6年4月1日現在）
船艇	475隻

石垣海上保安部
PLH35「あさづき」

内訳
巡視船艇：385隻
（うち大型巡視船：75隻）
特殊警備救難艇：67隻
測量船：15隻
灯台見回り船：5隻
実習船：3隻

航空機	97機

北九州航空基地
MAJ577「わかたか」

内訳
飛行機：34機
ヘリコプター：60機
無操縦者航空機：3機

航路標識	5,125基

神奈川県　観音埼灯台

内訳
灯台：3,105基
灯浮標：1,163基
その他の標識：857基

定　員	（令和6年4月1日現在）
	14,681人

◎	管区海上保安本部	11
◉	海上保安（監）部	71
◉	海上保安航空基地	2
■	海上保安署	61
■	航空基地	12
▣	海上交通センター	7
◆	特殊救難基地	1
◈	機動防除基地	1
◇	水路観測所	1

第一管区
稚内　紋別　網走　羅臼
留萌　釧路　根室
小樽　千歳　苫小牧　広尾
瀬棚　室蘭　浦河
江差　函館

青森　八戸
宮古
秋田　釜石
酒田　気仙沼
佐渡　宮城　石巻
新潟　仙台
福島

第二管区

第九管区
能登
七尾　上越
金沢　伏木
福井
小豆島　小浜　敦賀

第八管区
隠岐　鳥取　香住　舞鶴
浜田　境　美保　加古川　宮津
宇部　広島　水島　神戸　名古屋
関門海峡　萩　尾道　玉野　姫路
下関　徳山　福山　坂出　大阪
比田勝　岩国　今治　高松　堺
対馬　壱岐　柳井　新居浜　備讃瀬戸
福岡　若松　松山　徳島
唐津　門司　宇和島　海南
平戸　北九州　高知　和歌山
佐世保　大分　佐伯　田辺
伊万里　土佐清水　串本
五島　三池　宿毛　下里
長崎　熊本
天草　八代　日向
串木野　鹿児島
喜入　宮崎
指宿　志布志
種子島

東京　川崎　羽田
横浜　湘南　茨城　鹿島
清水　横須賀　銚子　千葉
衣浦　三河　東京湾　勝浦
名古屋港　中部空港　木更津
四日市　伊勢湾　御前崎
尾鷲　鳥羽　下田

第三管区

東京湾拡大図
東京　羽田　千葉
川崎　横浜　木更津
東京湾　湘南　横須賀

第四管区
第五管区
第六管区
（瀬戸内海等）

第七管区

第十管区
古仁屋　奄美

第十一管区
名護　那覇　中城
石垣　宮古島

大阪湾拡大図
加古川　西宮
神戸　大阪
岸和田　堺
関西空港

小笠原諸島
小笠原

■本文中の**太字の語句**は、166ページからの「語句説明」に解説を掲載しています。

12 │ 船艇の配備

　海上保安庁では、全国各地にあらゆる船艇・航空機を配備し、日本の海を守っています。巡視船艇は、全国の海上保安部署等に配備され、海洋秩序の維持、海難救助、海上災害の防止、海洋汚染の監視取締り、海上交通の安全確保に従事しています。測量船は、海底地形の測量、海流や潮流の観測、海洋汚染の調査等を行っています。灯台見回り船は、灯台、灯浮標、電波標識等の航路標識の維持管理等を行っています。

大型巡視船の配備状況(令和6年4月1日現在)

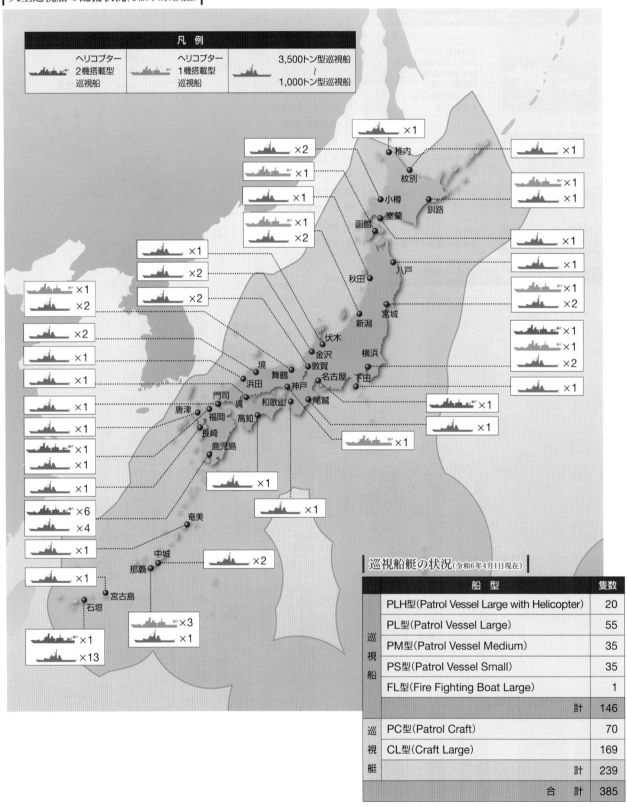

	船 型	隻数
巡視船	PLH型(Patrol Vessel Large with Helicopter)	20
	PL型(Patrol Vessel Large)	55
	PM型(Patrol Vessel Medium)	35
	PS型(Patrol Vessel Small)	35
	FL型(Fire Fighting Boat Large)	1
	計	146
巡視艇	PC型(Patrol Craft)	70
	CL型(Craft Large)	169
	計	239
	合 計	385

巡視船艇の状況(令和6年4月1日現在)

巡視船・巡視艇等

PLH型（ヘリコプター搭載型）巡視船「あさづき」

PLH型（ヘリコプター搭載型）巡視船「ゆみはり」

PL型（3,500トン型）巡視船「やえやま」

PL型（2,000トン型）巡視船「ひだ」

PL型（1,000トン型）巡視船「はてるま」

PM型（500トン型）巡視船「ちとせ」

PM型（350トン型）巡視船「おおみ」

PS型（180トン型）巡視船「かむい」

PC型（35メートル型）巡視艇「あおたき」

PC型（30メートル型）巡視艇「はやなみ」

PC型（23メートル型）巡視艇「しまぎり」

CL型（20メートル型）巡視船「ゆめかぜ」

CL型（18メートル型）巡視艇「はやかぜ」

放射能調査艇「さいかい」

FL型（消防船）巡視船「ひりゅう」

HL型（大型測量船）「光洋」

LS型（灯台見回り船）「あきひかり」

海上保安庁の主な巡視船艇の大きさ（比較イメージ）

巡視船	PLH（ヘリコプター搭載型）	150.0m
	PL（3,500トン型）（1,000トン型）	120.0m / 96.0m
	PM（500トン型）	72.0m
	PS（180トン型）	46.0m
巡視艇	PC（30メートル型）※総トン数100トン	32.0m
	CL（20メートル型）※総トン数26トン	20.0m

（参考）身の回りの乗り物との比較
大型飛行機　約70m
路線バス　約10m
パトカー　約5m

海上保安庁の任務・体制

■本文中の**太字**の語句は、166ページからの「語句説明」に解説を掲載しています。

13 │ 航空機の配備

航空機は、全国の海上保安航空基地・航空基地等に配備され、その優れた機動力と監視能力によって、海洋秩序の維持、海難救助、海上災害の防止、海洋汚染の監視取締り、海上交通の安全確保に従事するほか、火山監視や沿岸域の測量等に活躍しています。

航空機の配備状況(令和6年4月1日現在)

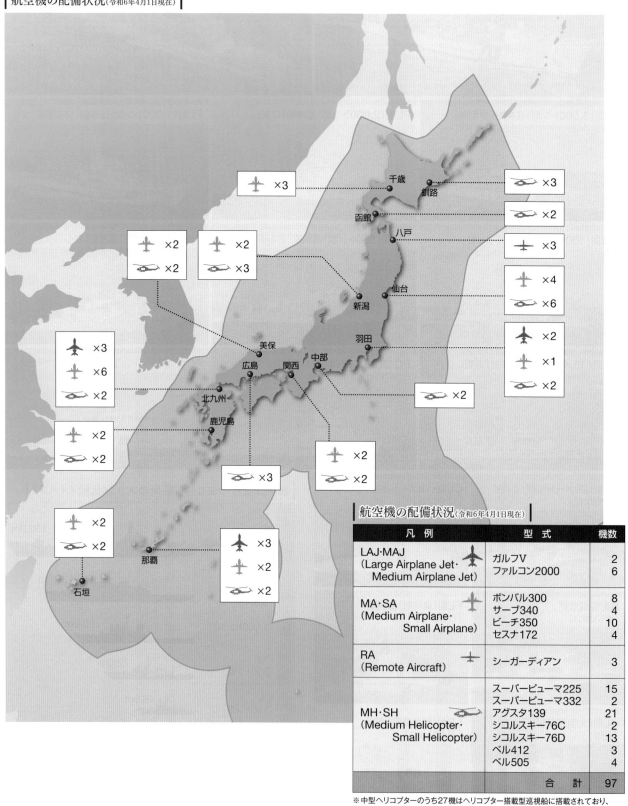

航空機の配備状況(令和6年4月1日現在)

凡　例		型　式	機数
LAJ·MAJ (Large Airplane Jet· Medium Airplane Jet)	✈	ガルフV	2
		ファルコン2000	6
MA·SA (Medium Airplane· Small Airplane)	✈	ボンバル300	8
		サーブ340	4
		ビーチ350	10
		セスナ172	4
RA (Remote Aircraft)	✈	シーガーディアン	3
MH·SH (Medium Helicopter· Small Helicopter)	🚁	スーパーピューマ225	15
		スーパーピューマ332	2
		アグスタ139	21
		シコルスキー76C	2
		シコルスキー76D	13
		ベル412	3
		ベル505	4
		合　計	97

※中型ヘリコプターのうち27機はヘリコプター搭載型巡視船に搭載されており、図示されていない。

航空機

ガルフV「うみわし」

ファルコン2000「わかたか」

ボンバル300「しまたか」

サーブ340「はやぶさ」

ビーチ350「うみかもめ」

セスナ172「あまつばめ」

シーガーディアン

スーパーピューマ225「ゆみわし」

スーパーピューマ332「うみたか」

アグスタ139「くまたか」

シコルスキー76C「しまふくろう」

シコルスキー76D「せきれい」

ベル412「いせたか」

ベル505「おおるり」

■本文中の**太字の語句**は、166ページからの「語句説明」に解説を掲載しています。

海上保安庁の任務・体制

COLUMN 03

光と船のキラメキ
～巡視船「ひだ」初ライトアップ＆初一般公開～

第九管区海上保安本部新潟海上保安部

夏休み最後の週末となる8月26日～27日、新潟海上保安部では「光と船のキラメキ～山の下夜遊びランド2023～」に参画しました。

このイベントは多くの人や船が集まり、巡視船「ひだ」の定係港でもある新潟港の拠点性と航路等でつながる地域との連携を活かし、港と地域の賑わいを創出することを目的に毎年開催されています。

26日の日没後には、初の「ひだ」ライトアップを実施し、船橋前には光るバルーンうみまるも設置、メイン会場から離れているにも関わらず幻想的な「ひだ」をゆっくり眺めたり、映え写真を狙う方で大盛況となりました。

27日はこちらも初の「ひだ」一般公開（甲板上のみ）を実施し、朝から30度を超える暑さの中、多くの方が来船され、普段なかなか目にすることのない巡視船の見学や新潟航空基地所属のヘリコプターによるローパス（低空飛行）に大喜びの様子でした。

幻想的な「ひだ」ライトアップ　　　　　光るバルーンうみまる

乗船を待つ長蛇の列　　　　　ローパス（低空飛行）の様子

今後も新潟海上保安部では、あらゆる機会を捉えて海上保安思想の普及に努めていきます。

COLUMN 04

5年ぶりの開催！JCGクルーズ2023

第十管区海上保安本部総務部総務課

第十管区海上保安本部は、鹿児島湾内において5年ぶりに「JCGクルーズ2023」を開催しました。今回は応募人数を午前・午後各800名の計1,600名とし、多くの方に応募していただくために、店舗へのポスター掲示、SNS投稿、ラジオ放送、テレビ出演等のあらゆる手段を用いて告知活動を行ったことにより、なんと「3,800」名を超える応募をいただきました。

同クルーズは、令和5年7月に就役した巡視船「あさなぎ」を観閲船として、巡視船艇・航空機による高速機動連携訓練や漂流者吊上げ救助訓練等を乗船された方にご覧いただきました。また、訓練以外にも地元高校生による演奏会等のイベントも大いに盛り上がりを見せ、乗船された地域の皆様等に海上保安業務を紹介することで、更なる理解促進を図ることができました。

引き続き南九州の海の安全安心を守り、地域の皆様の期待に応えていきます。

1 生命を救う

　海は、海上交通や漁業、マリンレジャーといった様々な活動の場として利用され、私たちにとって身近な存在ですが、時に衝突・転覆等の船舶事故やマリンレジャー中の海浜事故等の海難が発生する危険な場所でもあります。

　海上保安庁では、国民の皆様に海の危険性や自己救命策確保の必要性について周知・啓発活動を実施するとともに、いざ海難が発生した場合には、強い使命感の下、迅速な救助・救急活動を行い、尊い人命を救うことに全力を尽くしています。

CHAPTER　Ⅰ　　海難救助の現況

CHAPTER　Ⅱ　　救助・救急への取組

1 生命を救う

CHAPTER I 海難救助の現況

海上保安庁における人命救助への対応

我が国周辺海域では、衝突や転覆、乗揚げ、火災等、様々な海難が発生しています。

海上保安庁では、巡視船艇や航空機を出動させるほか、**「特殊救難隊」**、**「機動救難士」**等、高度な専門技術を有するスペシャリストを派遣するなどして、人命の救助や火災の消火等、様々な活動を全力で行っています。

| 海上保安庁における人命救助への対応 |

衝突事故 乗組員捜索救助
（令和5年2月）
- 今治沖日本籍貨物船衝突・沈没事故
  ➡ 乗組員4名救助(うち1名死亡)、1名行方不明

衝突事故 乗組員救助
（令和3年5月）
- 紋別沖日本漁船・運搬船衝突・転覆事故
  ➡ 乗組員5名救助(うち3名死亡)

沈没事故 行方不明者捜索救助
（令和4年4月）
- 知床遊覧船事故
  ➡ 乗組員・乗客20名発見（総員死亡)、6名行方不明

航空機不時着事故 乗組員救助
（令和4年4月）
- 福岡県三池沖航空機消息不明事故
  ➡ 乗組員3名救助(うち2名死亡)

座礁事故 乗組員救助
（令和3年8月）
- 八戸港内貨物船座礁事故
  ➡ 乗組員21名救助

遭難事故 行方不明者捜索救助
（令和5年1月）
- 男女群島西方沖外国籍貨物船遭難・沈没事故
  ➡ 乗組員13名救助(うち8名死亡)、9名行方不明

座礁事故 乗組員救助
（令和4年5月）
- 千葉県野島埼沖貨物船船体傾斜・座礁事故
  ➡ 乗組員5名救助

漂流事故 行方不明者捜索救助
（令和5年6月）
- 沖縄県糸満市沖ダイバー7名行方不明
  ➡ 7名救助

座礁事故 乗組員吊上げ救助
（令和4年10月）
- 奄美大島沖作業船座礁事故
  ➡ 乗組員8名救助

火災事故 乗組員捜索救助
（令和4年3月）
- 種子島南東沖日本漁船火災・沈没事故
  ➡ 乗組員4名救助(うち1名死亡)、4名行方不明

令和5年の現況

令和5年においては、5月の鹿児島県甑島における火災船事案、8月の沖縄県下地島沖におけるダイビング船転覆事案など、1,798隻の船舶事故が発生し、海上保安庁では、令和5年、計455隻、1,487人を救助しました。

1　巡視船艇・航空機の出動状況

海上保安庁では、巡視船艇延べ2,672隻、航空機延べ702機を出動させるなどして救助活動を行いました。

2　「118番」による通報（第一報）の状況

令和5年に海上保安庁が認知した人身事故2,378人、船舶事故1,798隻のうち、緊急通報用電話番号「**118番**」による通報（第一報）を受けた件数は1,873件であり、このうち1,317件が携帯電話からの通報でした。

COLUMN 05

ルカン礁ドリフトダイバー7名を吊上げ救助！
〜関係機関と連携〜

第十一管区海上保安本部那覇海上保安部、宮古島海上保安部、那覇航空基地

令和5年6月19日、午前11時48分頃、第十一管区海上保安本部に対し「沖縄県糸満市沿岸約12kmのルカン礁でドリフトダイビング中の7名が行方不明」との**118番**通報があり、直ちに巡視船・航空機を現場へ急行させるとともに、関係機関へ情報提供を実施しました。

ダイバーたちは、潮の流れに乗って広範囲を移動する「ドリフトダイビング」中に行方不明となったもので、現場はリーフの影響で潮流が速く、上空からはダイバーは黒い点にしか見えないなど捜索が困難であることに加え、海難救助は日没までが勝負であり、早急な発見・救助が求められました。

通報から約2時間後、捜索中の那覇航空基地所属のヘリコプターが行方不明者6名を発見し、**機動救難士**により2名を吊上げ救助しました。残る4名は巡視船「はりみず」により救助を試みましたが、波の影響により船の動揺が激しく船上まで引き上げることが危険であったことから、救助計画を直ちに変更のうえ、スタンバイ中のヘリコプターを追加投入し、吊上げ救助しました。

残る1名の捜索が難航する中、通報から約3時間後、連携して捜索に当たっていた沖縄県警のヘリコプターが発見し、連絡を受けた那覇航空基地のヘリコプターに同乗する**機動救難士**により吊上げ救助しました。

時間の経過に伴い漂流範囲が拡大する困難な状況でしたが、高い救助技術に加え、関係機関との連携など的確なオペレーションにより早期の発見・救助に繋がりました。

<table>
<tr><td>CHAPTER II</td><td>救助・救急への取組</td></tr>
</table>

海上保安庁の海難救助体制

1 海難情報の早期入手

海上保安庁では、海上における事件・事故の緊急通報用電話番号「**118番**」を運用するとともに、携帯電話からの「**118番**」通報の際に、音声とあわせてGPS機能を「ON」にした携帯電話からの位置情報を受信することができる「緊急通報位置情報通知システム」を導入しています。

また、聴覚や発話に障がいをもつ方を対象に、スマートフォンなどを使用した入力操作により海上保安庁への緊急時の通報が可能となる「**NET118**」というサービスを導入しています。

さらに海上保安庁では、世界中のどの海域からであっても衛星等を通じて救助を求めることができる「**海上における遭難及び安全に関する世界的な制度（GMDSS）**」に基づき、24時間体制で海難情報の受付を行っています。

| 救助要請から救助までの流れ（例） |

救助要請

海難発生　SOS !
（海難発生時の通報例）
● 通報者の名前、船名　● 場所はどこか
● どのような海難か　● 何人乗っているのか
● 乗組員、船舶の状況及び現在のとっている措置

118番
● 船舶電話　● スマートフォン　● 携帯電話
● 一般加入電話　● IP電話　● NET118

※平成19年4月より携帯電話からの発信位置情報を自動的に入手

遭難警報
● 衛星EPIRB（衛星非常用位置指示無線標識装置：衛星イパーブ）
● DSC（デジタル選択呼出し）
● INMARSAT（インマルサット遭難通信システム）

本庁運用司令センター

最寄の海上保安部署、巡視船艇、航空機に出動指示

管区海上保安本部運用司令センター

運用司令センターからの情報を分析

巡視船艇・航空機による捜索

救助完了

2 海上保安庁の救助・救急体制

海難救助には、海上という特殊な環境の中で、常に冷静な判断力と『絶対に助ける』という熱い思いが必要とされます。

海上保安庁では、巡視船艇・航空機を全国に配備するとともに、救助・救急体制の充実のため、**潜水士**や**機動救難士**、**特殊救難隊**といった海難救助のプロフェッショナルを配置しており、実際に海難が発生した場合には、昼夜を問わず、現場第一線へ早期に救助勢力を投入し、迅速な救助活動にあたります。

潜水士(Rescue Divers)

　転覆した船舶や沈没した船舶等に取り残された方の救出や、海上で行方不明となった方の潜水捜索などを任務としています。**潜水士**は、全国の海上保安官の中から選抜され、厳しい潜水研修を受けた後、全国22隻の潜水指定を受けた巡視船艇で業務にあたっています。

機動救難士(Mobile Rescue Technicians)

　船上の傷病者や、海上で漂流する遭難者等をヘリコプターとの連携により迅速に救助することを主な任務としています。**機動救難士**は、ヘリコプターからの高度な降下技

術を有するほか、隊員の約半数が**救急救命士**の資格を有しており、全国10箇所の航空基地等に配置されています。

特殊救難隊(Special Rescue Team)

　火災を起こした危険物積載船に取り残された方の救助や、荒天下で座礁船に取り残された方の救助等、高度な知識・技術を必要とする特殊海難に対応する海難救助のスペシャリストです。**特殊救難隊**は38名で構成され、海難救助の最後の砦として、航空機等を使用して全国各地の特殊海難に対応します。(昭和50年10月の発足からの累計出動件数:5,859件(令和6年3月末時点))

COLUMN 06

2名の命を救った小さなスーパーヒーロー

第七管区海上保安本部大分海上保安部

　「海の日」の令和5年7月17日、暑さが厳しくなり、別府湾(大分県)を遊回中のプレジャーボートから海に飛び込み遊泳していた母親と船長が潮に流される事故が発生しました。母親は、船内に一人取り残された8歳の幼い息子に「電話して!」と叫びました。母親のスマートフォンはロックがかかっていたものの、息子は機転を利かせ緊急電話機能で**118番**通報を行い、巡視艇が現場に駆けつけ無事救助されました。

　母親との永遠の別れが脳裏をよぎり、計り知れない絶望に押し潰されていたと思いますが、泣きながらも流された2名と船の状況を懸命に伝えてくれました。彼の勇敢な行動により2名の命が救われました。

　後日、大分海上保安部長から感謝状を贈呈し、当時救助にあたった巡視艇「ぶんごうめ」の1日船長の任命を受け、別府湾のパトロールを行いました。将来の夢は「海上保安官」と語ってくれました。

救助状況

「ぶんごうめ」でのパトロール

感謝状贈呈式

| 対応した 職員の声 | 大分海上保安部 巡視艇「ぶんごうめ」船長　前田 恒彦 |

　第一報受信後、警備救難課長がご子息との電話対応に専従し、「ぶんごうめ」も出港後、当初予想されていた海域と逆方向に流されつつあった2名を速やかに発見救助しました。

　もし、ご子息が的確に通報してくれなかったら2名の命がどうなっていたかわかりません。広い洋上での捜索は難航を極めるケースがほとんどで、ご子息の冷静な通報のおかげで早期に2名を発見し、無事救助できました。また、母親が着用していたピンク色の浮器が目立ったため、視力がいい航海士補がかなり離れた場所から発見でき一直線に要救助者のもとへ向かえました。

　救助後、「ぶんごうめ」甲板上で親子が泣きながら抱き合う姿を見て海上保安官冥利に尽きる思いがしました。

---

1 生命を救う

海難救助のプロフェッショナル	潜水作業	降下・吊上げ救助	救急救命	火災・危険物・CBRNE*1
潜水士 全国の潜水指定船 計121人	潜水技術を必要とする海難における人命・財産の救助等			
	潜水・40m	「ホイスト降下」等 (ウインチを使って降下)	救急員を配置	*1：CBRNE：Chemical(化学) Biological(生物) Radiological(放射性物質) Nuclear(核) Explosive(爆発物)に起因する事故・災害 *2：航空機の搭乗を考慮して、一定の制限を設けている。 *3：混合ガス潜水資器材を使用した場合に限り、深度60mまで潜水可能。
機動救難士 10基地×9人 計90人	ヘリコプターと連携した吊上げ救助等迅速な人命救助			
	潜水・8m*2	「リペリング降下」等 (ロープを使って自力で降下)	救急救命士・救急員を配置	
特殊救難隊 羽田特殊救難基地 特殊救難統括隊長2人 1隊6人×6隊 計38人	高度な知識・技術を必要とする特殊海難における人命・財産の救助			
	潜水・60m*3	「リペリング降下」等 (ロープを使って自力で降下)	救急救命士・救急員を配置	

COLUMN 07　特殊救難隊創設以来、救助人数が3,000人突破

警備救難部救難課、羽田特殊救難基地

　特殊救難隊は、火災を起こした危険物積載船に取り残された方の救助や、荒天下で座礁船に取り残された方の救助等、高度な知識・技術を必要とする海難に対応する海難救助のスペシャリストです。

　昭和49年11月に東京湾で発生したLPGタンカーと貨物船との衝突・火災海難を契機として、昭和50年10月に隊員5名体制で発足し、現在では38名にまで拡大しました。

　創設以降、全国各地で発生する様々な海難に昼夜を問わず出動しており、令和5年9月には、東京都八丈島において発生した急病人を救助し、通算3,000人を救助しました。

　この実績は、皆様からの多大なる応援とこれまで在籍した隊員一人ひとりの弛まぬ努力の結果です。

　これからも海難救助の最後の砦としての強い使命感、「絶対に助ける」という熱い思いの下、日夜厳しい訓練に励み、過酷な海難現場において尊い命を救うために全力を尽くしていきます。

3,000人目の救助事案対応

転覆船対応業務　　火災船対応業務　　特殊救難隊

3 捜索能力の向上

我が国の広大な海で一人でも多くの命を守るためには、海中転落者や海面を漂う船等がどの方向に流れていくかを予測することが重要です。

海上保安庁では、測量船等による海潮流の観測データを駆使し、気象庁の協力も得て、**漂流予測**の精度向上に努めており、気象条件、漂流目標の種類等により、国際基準に基づいた捜索区域を自動で設定する「捜索区域設定支援プログラム」を当庁独自で開発し、当該プログラムを活用することで、より効率的かつ組織的な捜索活動に努めています。

4 救急能力の向上

海上保安庁では、海難等により生じた傷病者に対し、容態に応じた適切な処置を行えるよう、専門の資格を有する**救急救命士**を配置するとともに、平成31年4月1日から、「**救急員**制度」を創設し、応急処置が実施できる**救急員**を配置するなど、救急能力の充実強化を図っています。また、全国各地の救急医療に精通した医師等により、**救急救命士**及び**救急員**が行う救急救命処置等の質を医学的・管理的観点から保障し、**メディカルコントロール体制**を構築することで、さらなる対応能力の向上を図っています。

海上保安庁メディカルコントロール協議会総会　　　　病院ヘリポートでの傷病者搬送訓練

5 関係機関及び民間救助組織との連携

我が国の広大な海で、多くの命を守るためには、日頃から自衛隊・警察・消防等の関係機関や民間救助組織と緊密に連携しておくことが重要です。特に、沿岸域で発生する海難に対しては、迅速で円滑な救助体制が確保できるように、公益社団法人日本水難救済会や公益財団法人日本ライフセービング協会等の民間救助組織との合同訓練等を通じ、連携・協力体制の充実に努めています。このほか、大型旅客船内で多数の負傷者や感染症患者が発生した場合を想定した訓練を関係機関と合同で行っています。

関係機関等との合同訓練　　　　民間救助組織と連携した事案対応

■本文中の**太字の語句**は、166ページからの「語句説明」に解説を掲載しています。

1 生命を救う

6 他国間との救助協力体制

我が国の遠方海域で海難が発生した場合には、迅速かつ効果的な捜索救助活動を展開するため、中国、韓国、ロシア、米国等周辺国の海難救助機関と連携・調整の上、協力して捜索・救助を行うとともに、「1979年の海上における捜索及び救助に関する国際条約（SAR条約）」に基づき、任意の相互救助システムである「**日本の船位通報制度（JASREP）**」を活用し、要救助船舶から最寄りの船舶に救助協力を要請するなど、効率的で効果的な海難救助に努めています（令和5年**JASREP**参加船舶2,675隻）。

また、海上保安庁は、我が国の主管官庁として、平成5年にコスパス・サーサットシステム*の運用に参加しており、衛星で中継された遭難警報を受信するための地上受信局をはじめとする設備を維持・管理しています。さらに、北西太平洋地域（日本、中国、香港、韓国、台湾及びベトナム）における幹事国として、他の国・地域に対する遭難警報のデータ配信や同システムの運用指導等を行うなど、国際的に重要な責務を果たしており、同システムの運用により、令和4年には北西太平洋地域で366人の人命救助に貢献しています。

＊ 遭難船舶等から発信された遭難警報を衛星経由で陸上救助機関に伝えるためのシステムであり、現在、45の国・地域が参加する政府間機関「コスパス・サーサット」によって運用されている。

自己救命策の確保の推進～事故から命を守るために～

自己救命策の確保
～　思わぬ事故から　命を守るために　必要なこと　～

自己救命策3つの基本

1 ライフジャケット 常時着用
保守・点検されたものを正しく着用してね。

2 携帯電話等 連絡手段の確保
防水パックに入れて落とさないようにね。

3 118番・NET118の活用
GPS機能を「ON」とした携帯電話で通報すると正確な位置の把握につながるよ。

プラス1
家族や友人・関係者に「目的地や帰宅時間」を伝え、現在位置等を定期的に連絡しましょう。

※船舶職員及び小型船舶操縦者法施行規則の一部改正により、平成30年2月1日以降、小型船舶の船室外の甲板上では、原則、すべての乗船者にライフジャケットを着用させることが船長の義務になりました。（令和4年2月1日以降、違反点2点が付されます。）

海での痛ましい事故を起こさないためには、「**自己救命策3つの基本**」が重要であるほか、「家族や友人・関係者への目的地等の連絡」も有効な**自己救命策**の一つです。

●自己救命策3つの基本

①ライフジャケットの常時着用

船舶からの海中転落者について、過去5年間のライフジャケット非着用者の死亡率は着用者の約4倍となっていることからも分かるように、海で活動する際にライフジャケットを着用しているか否かが生死を分ける要素となります。そのため、船舶乗船時に限らず、海で活動する際には、ライフジャケットの常時着用についてお願いしています。なお、ライフジャケットは、海に落ちた際に脱げてしまったり、膨張式のライフジャケットが膨らまなかったりするといったことがないように、保守・点検のうえ、正しく着用す

1

生命を救う

治安の確保

領海・EEZを守る

青い海を守る

災害に備える

海を知る

海上交通の安全を守る

海をつなぐ

ることが大切です。

②防水パック入り携帯電話等の連絡手段の確保

海難に遭遇した際は、救助機関に早期に通報し救助を求める必要がありますが、携帯電話を海没させてしまい通報できない事例があるため、対策としてストラップ付防水パックを利用し、携帯電話を携行することが重要です。

③118番・NET118の活用

海上においては目標物が少なく自分の現在位置を伝えることは難しいことがあります。救助を求める際は、携帯電話のGPS機能を「ON」にしたうえで遭難者自身が**118番**に直接通報することにより、正確な位置が判明し、迅速な救助につながった事例があります。

●家族や友人・関係者への目的地等の連絡

海に行く際には、家族や友人・関係者に自身の目的地や帰宅時間を伝えておくほか、現在位置等を定期的に連絡することなども、万が一事故が起きてしまった場合に、家族等周囲の人々が事故に早く気づくきっかけとなり、速やかな救助要請、ひいては迅速な救助につながります。

自己救命策の周知・啓発活動

海上保安庁では、海を利用する人が自らの命を守るためのこれら方策について、地方公共団体、水産関係団体、教育機関等と連携・協力した講習会や、沿岸域の巡回時のみならず、メディア等様々な手段を通じて周知・啓発活動を行っています。

講習会の様子

海難救助の特殊性

海上で発生する海難への対応は、陸上の事故と比べ様々な違いがあります。

①救助勢力の現場到着までの時間

海上保安庁が管轄する海域は非常に広大であるとともに、現場に向かう巡視船艇・航空機の速力は気象・海象に大きく左右されるため、海難発生海域と巡視船艇・航空機の位置関係によっては現場到着に時間がかかることがあります。

②海上における捜索の困難性

広大な海において、遭難者や事故船舶を発見することは容易ではありません。海に住所はないため、事故にあった遭難者本人ですらも、今自分がどこにいるかを把握することは難しく、風や海潮流の影響により常にその位置は、移動し続けます。また、夜間はもちろんのこと、日中であっても日光の海面反射や遭難者の服装、船体の大きさによっては捜索者から視認しにくい場合があります。これらに加え、荒天時には、捜索の対象が波間に隠れるなど、捜索の困難度はさらに高くなります。

③海上における救助の困難性

船上の傷病者等を救助する場合は、巡視船艇又は航空機から常に揺れて流されている船舶に乗り移る際に危険が伴います。また、海面にいる遭難者を泳いで救助する必要がある場合は、遭難者がパニックに陥っていることもあります。転覆した船舶や沈没した船舶等に取り残された方を救助する場合は、**潜水士**等が障害物の多い船内に潜水して救助する必要があります。

④傷病者の重症化

海上では、傷病者はすぐに病院へ行くことができず、我慢ができなくなってから救助要請を行うことが多いため、陸上と比較すると通報の時点で重症となっている場合が多い傾向にあります。

⑤現場から搬送先までの時間

広大な海において、要救助者の搬送は、長距離・長時間の対応となる場合が多いです。加えて、巡視船艇による搬送では、波やうねりの影響により、常に動揺があり、航空機による搬送では、搭乗できる人数や搭載できる装備に制限があります。また、機内は狭く、騒音や振動、気圧の変化の影響を受けます。

今後の取組

一人でも多くの命を救うため、引き続き、海難情報の早期入手と初動対応までの時間短縮に努め、救助・救急体制の更なる強化、関係機関及び民間救助組織等との連携・協力を図るとともに、**自己救命策**の確保の周知・啓発等を推進します。

海上保安庁では、これらの取組等により、海難救助に万全を期していきます。

コラボレーション！！
118番普及啓発・海難防止啓発活動！

海上保安庁

海上保安庁は、海難や悪質・巧妙化する密輸・密航等の事犯に迅速かつ的確に対応するため、緊急通報用電話番号「**118番**」を導入しています。

「**118番**」の正しい利用方法と重要性をより一層多くの方々に知っていただくため、1月18日を「**118番の日**」と定め、全国で周知活動を行っています。

また、海難を防止するためには、船舶操縦者やマリンレジャー愛好者の安全意識の向上を図ることが重要であり、海難防止啓発活動も実施しています。

全ての方々に海難防止に対する意識を持っていただけるよう、団体・企業の皆様に協力をいただき、工夫を凝らした様々な取組を行っています。

第三管区海上保安本部では、シウマイ弁当で有名な「株式会社 崎陽軒」様、ガリガリ君で有名な「株式会社 赤城乳業」様、ゲーム『ポケットモンスター』シリーズでおなじみの「株式会社 ポケモン」様、第六管区海上保安本部で

は、プロ野球チームの「広島東洋カープ」様、第九管区海上保安本部では、プロサッカーチームの「アルビレックス新潟」様、浜田海上保安部では、浜田海上保安部アンバサダーである島根県益田市のご当地アイドル「Precious（プレシャス）」様にご協力いただき、オリジナルパッケージや啓発用ポスターを制作するなど、**118番**の普及啓発や海難防止活動を実施しているほか、全国各地で、野球

やサッカー以外のプロスポーツチームや様々な団体・企業にもご協力いただいてポスターを作成するなどし、周知啓発活動を実施しています。

第五管区海上保安本部では、ひっぱりだこ飯で有名な「淡路屋」様にご協力いただき、**118番**のお知らせメッセージを表記したお弁当による周知啓発活動なども実施しています。

また、マリンレジャーが盛んな第十一管区海上保安本部では、マリンレジャーに伴う事故の約半数は観光客による事故となっており、観光客の大半は、航空機にて来沖することから、航空機・空港施設を活用した海難防止啓発活動として、

機内アナウンス、機内誌へ海難防止啓発情報を掲載していただく等の活動も実施しています。

全国の海上保安部等では、地元の警察、消防、地方公共団体等と連携・協力を行い、地域に即した様々な海難防止啓発活動を実施しています。

これからも皆様に認知していただけるよう工夫を凝らした海難防止啓発活動を行うべく、ご協力いただきながら、コラボレーションを実施していきますので、ポスターなど見かけた際は、手に取っていただけたら幸いです。

2 治安の確保

　四方を海に囲まれた我が国にとって、「海」は海上輸送の交通路であり、水産資源等を生み漁業等の活動の場となっているだけでなく、海を仕事場としない国民にとっても、マリンレジャーを楽しむ憩いの場として、昔から親しまれてきました。

　一方、我が国にとって「海」は国境でもあり、治安を脅かすテロや密輸・密航、漁業秩序を乱そうとする密漁等、様々な犯罪行為が行われるおそれのある場にもなります。

　海上保安庁では、海上で行われるこうした様々な犯罪行為の未然防止や取締りに努め、安全で安心な日本の海の実現を目指します。

CHAPTER Ⅰ	海上犯罪の現況
CHAPTER Ⅱ	国内密漁対策
CHAPTER Ⅲ	外国漁船による違法操業等への対策
CHAPTER Ⅳ	密輸・密航対策
CHAPTER Ⅴ	テロ対策
CHAPTER Ⅵ	不審船・工作船対策
CHAPTER Ⅶ	海賊対策

2 治安の確保

CHAPTER I 海上犯罪の現況

海上保安庁における主な海上犯罪への対応

我が国周辺海域では、違法薬物の密輸や外国人の不法上陸、密漁等、様々な犯罪行為が発生しています。

薬物密輸入事犯については、海上保安庁において過去二番目に多い押収量となる覚醒剤約700kgを関係機関と合同で押収するなど、一度に大量の薬物を密輸する事犯が相次いで発生しており、その手口は、海上貨物への隠匿を中心として、大口化・巧妙化の傾向が続いています。

密航事犯については、船員等が単独で不法上陸する等小口化,の傾向が続いています。

さらに、小型航空機不時着水事件、油槽船の貨物油横領事件、「なまこ」の密漁事件、水産食料品製造業者による汚水排出事件などについて捜査しており、様々な海上犯罪取締りを実施しています。

密漁事犯(令和5年3月)
- 福岡県苅田港沖等
  - ➡ 潜水器を使用した「なまこ」密漁に関与した5名を逮捕

不法就労助長事犯(令和4年2月)
- 福岡県福岡市
  - ➡ 不法就労助長容疑等で中国人1名、日本人1名を逮捕

薬物密輸事犯(令和5年3月)
- 東京都京浜港東京区大井埠頭
  - ➡ 覚醒剤約700kgを押収、中国人7名を逮捕

家具等不法投棄事犯(令和5年5月)
- 大阪府堺泉北港内護岸
  - ➡ 不要になった家具等約42.2キログラムを不法投棄した者1名を逮捕

不法上陸事犯(令和5年5月)
- 福岡県福岡市
  - ➡ 不法上陸容疑でロシア人1名を逮捕

外国人による漁業関係法令違反(令和5年2月)
- トカラ列島西方我が国EEZにおける中国漁船によるEEZ漁業法違反（無許可操業）
  - ➡ 船長を現行犯逮捕

業務上横領事犯(令和5年7月)
- 大分県大分港
  - ➡ 積載していた貨物である重油の横領に関与した5名を逮捕

薬物製造事犯(令和5年5月)
- 滋賀県栗東市
  - ➡ 日本国内でコカインを製造していたペルー人5名を逮捕

海上保安庁では、悪質・巧妙な犯罪に対し、巡視船艇・航空機等によるしょう戒、海上保安官による旅客船やターミナルの見回り等により犯罪の未然防止を行うとともに、犯罪発生時には、法と証拠に基づき、犯人の検挙に努めています。

令和5年の現況

令和5年の海上犯罪の送致件数は、7,190件であり、前年より133件（1.8%）減少しました。送致件数を法令別に見ると、**漁業関係法令**違反が2,694件と最も多く全体の37.5%を占め、次いで**海事関係法令**違反が2,557件（35.5%）、刑法犯が632件（8.8%）、**海上環境関係法令**違反が599件（8.3%）となっています。

海事関係法令違反では、検査を受けていない船舶を航行させる無検査航行や定員超過等の船舶安全法関係法令違反が1,010件（39.5%）と最も多く、**漁業関係法令**違反では、漁業権侵害や水産動植物の違法採捕所持販売、無許可操業等のいわゆる国内密漁事犯が2,673件（99.2%）、刑法犯では、衝突や乗揚げ等の船舶の往来の危険を生じさせる等の罪（業務上過失往来危険等）が472件（74.7%）、乗船者を負傷させる等の過失傷害等の罪が89件（14.1%）、**海上環境関係法令**違反では、船舶からの油や有害液体物質の排出等を禁止する海洋汚染等及び海上災害の防止に関する法律違反が308件（51.4%）とそれぞれ多く発生しています。

このほか、薬物や銃器の不法輸入（いわゆる密輸）や刃物の不法携帯等を規制する**薬物・銃器関係法令**違反を72件、不法出入国（いわゆる密航）や不法就労等を規制する**出入国関係法令**違反を33件送致しています。

| 海上犯罪送致件数の推移 |
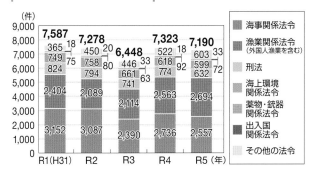

| 海上犯罪送致件数 |
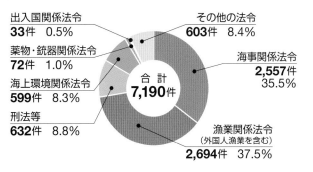

| 海事関係法令違反の送致件数の推移 |
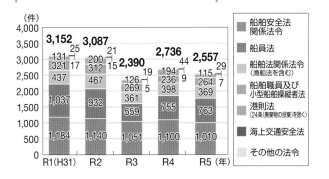

| 刑法犯の送致件数の推移 |
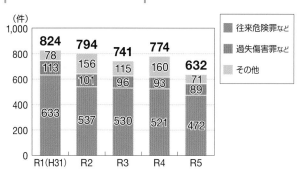

有明海に小型航空機が不時着水　乗員3名が死傷

　令和4年4月18日、操縦訓練飛行中の小型航空機が有明海に不時着水し、乗員3名が死傷する事故が発生しました。三池海上保安部は、慎重に捜査を行い、機長が自機の位置を喪失した結果、燃料欠乏に陥って不時着水したことなどを特定し、機長を被疑者死亡のまま「航空の危険を生じさせる行為等の処罰に関する法律」及び「業務上過失致死傷」などの疑いで送致しました。

有明海に不時着水した小型航空機の引揚げ　　　　事故前の小型航空機

燃料油を横領！　油槽船乗組員等を逮捕

　令和5年7月4日、大分海上保安部は、大分港を拠点として稼働する油槽船に積載していた貨物である重油を横領した同船乗組員3名、タンクローリー運転手等2名を「業務上横領」で通常逮捕しました。本件は、貨物油を転売し利益を得るため、油槽船からタンクローリーに移し替え、横領したものであり、その後の捜査の結果、同一手口による複数の余罪があり再逮捕しています。

横領事件に使用された油槽船　　　　油槽船に積載されていた重油の証拠採取

2

治安の確保

領海・EEZを守る

青い海を守る

災害に備える

海を知る

海上交通の安全を守る

海をつなぐ

生命を救う

<table>
<tr><td>COLUMN
09</td><td>全国初！
飲酒運航の遊漁船船長を秋田保安部が摘発</td></tr>
</table>

第二管区海上保安本部秋田海上保安部

秋田保安部では、遊漁船の船長が常習的に飲酒した状態で遊漁船を運航している事実を認めたため、秋田県に対して情報提供を行ったところ、令和5年4月、「遊漁船業の適正化に関する法律」に基づき、秋田県知事から遊漁船の船長に対して「遊漁船業務中に飲酒をしない、酒気帯び状態での遊漁船業務の禁止」等の業務改善命令が発出されていました。

しかし、その後も飲酒した状態で遊漁船を運航している疑いがあったことから、令和5年5月某日、釣り客等6名を乗船させて遊漁船の運航を終え、帰港した直後に遊漁船の船長の呼気検査を実施した結果、呼気1ℓ中0.5mgのアルコール分が検出されたことから、秋田県知事からの業務改善命令に違反したものとして、全国でも初めて、遊漁船の船長を現行犯逮捕したものです。

海上保安庁では、今後も関係機関と連携しながら船舶の飲酒運航に対して厳正に指導・取締りを行い、安全で安心な海の実現を目指していきます。

対応した 職員の声	秋田海上保安部 警備救難課 警備係長　麻生　巧

捜査活動や機を逸することなく行った他の遊漁船への安全指導により、飲酒運転による重大事故の未然防止に寄与することができ、海上保安官として充実感及び達成感を得ることができました。

CHAPTER II 国内密漁対策

　我が国周辺海域の豊かな水産資源は決して無尽蔵ではなく、生態系のバランスを保ち水産資源を枯渇させないために漁獲量や操業方法・区域・期間に制限をかけるなどのルールが設定されています。しかしながら、ルールに従わない一部の漁業者による違法な操業や、資金確保を目論む暴力団等による水産資源の乱獲が後を絶ちません。

　海上保安庁では、密漁被害を受ける地元漁業者等からの取締り要請にも適切に対応するため、関係機関や地元自治体と連携・協力し、それぞれの地域の特性に応じた取締りを行い、漁業秩序の維持を図っています。

令和5年の現況

　令和5年の国内密漁事犯の送致件数は2,673件で、前年に比べ125件増加しており、平成30年の漁業法改正が令和2年12月1日に施行されて大幅に罰則が強化されたなか、3年連続の増加となり、依然として密漁事犯が後を絶たない状態が続いています。

　密漁は、実行部隊と買受業者が手を組んだ組織的な形態で行われるもののほか、暴力団等による組織的かつ大規模に行われる事例も見受けられ、その手口は悪質かつ巧妙です。

　また、漁業者ではない海水浴客などが個人消費を目的として密漁する事例も多く見受けられます。

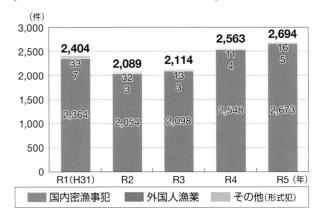

漁業関係法令違反の送致件数の推移

今後の取組

　海上保安庁では、監視能力の更なる向上や採証資機材等の充実を図り、悪質・巧妙化する密漁事犯の厳格な監視・取締りを実施するとともに、引き続き、関係機関や漁業関係団体等との緊密な連携を図ることで、地域の特性に応じた未然防止策等の総合的な密漁対策を推進し、漁業秩序の維持に努めていきます。

COLUMN 10

なまこ密漁常習者等5名逮捕

第七管区海上保安本部門司海上保安部

令和5年3月、門司海上保安部は、「なまこ」の密漁者3名を発見し、現場付近にて2名を確保しましたが、1名が小型船で約28時間、約300kmにわたり逃走しました。巡視船艇の継続した追跡により、逃走した1名も確保し、3名とも通常逮捕しています。

その後の捜査により、採捕した「なまこ」を取引していた仲買人及び市場に流通させていたせり人についても通常逮捕しています。

密漁で採捕された「なまこ」は約620キログラムになります。

| 対応した 職員の声 | 門司海上保安部 警備救難課 国際取締官 竹田 悠人

この事件では、密漁者1名が丸1日以上も逃走し、逃走場所も山口県から岡山県の海上にわたり、逃走した密漁者を逮捕した時は、3日間ろくに睡眠をとっていなかったので「これで、やっと布団でゆっくり寝れる。」と思ったのと同時に、なんとも言えない達成感を味わうことができました。

CHAPTER III	外国漁船による違法操業等への対策

我が国の**領海**や**排他的経済水域（EEZ）**では、将来にわたる水産資源の安定的な供給を維持するため、外国漁船による操業が法令によって規制されているほか、**EEZ**では周辺諸国等との間に各種漁業協定が結ばれ、これに基づくルールが定められています。

海上保安庁では、我が国の**領海**や**EEZ**の漁業秩序を維持すべく、厳格な監視・取締りを行うとともに、関係省庁とも連携し、外国漁船による違法操業の根絶に努めています。

令和5年の現況

令和5年においては、「**排他的経済水域**における漁業等に関する主権的権利の行使等に関する法律（**EEZ**漁業法）」違反で外国漁船1隻を検挙しました。

| 外国漁船への適用法令 |

海域	法律名	規制内容
領海及び内水	外国人漁業の規制に関する法律	原則として漁業等は禁止
排他的経済水域（EEZ）	排他的経済水域における漁業等に関する主権的権利の行使等に関する法律（EEZ漁業法）	原則として漁業等を行うには我が国の許可が必要

| 日本周辺海域における漁業関係法令違反状況 |

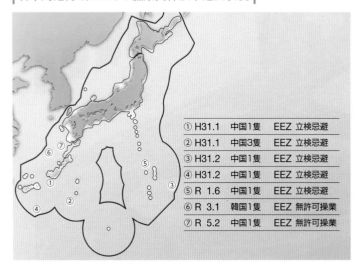

① H31.1　中国1隻　EEZ 立検忌避
② H31.1　中国3隻　EEZ 立検忌避
③ H31.2　中国1隻　EEZ 立検忌避
④ H31.2　中国1隻　EEZ 立検忌避
⑤ R 1.6　中国1隻　EEZ 立検忌避
⑥ R 3.1　韓国1隻　EEZ 無許可操業
⑦ R 5.2　中国1隻　EEZ 無許可操業

| 外国漁船の国・地域別検挙隻数の推移 |

		平成31年/令和元年	令和2年	令和3年	令和4年	令和5年	合計
韓国	領海	0	0	0	0	0	0
	排他的経済水域	0	0	1	0	0	1
	合計	0	0	1	0	0	1
中国	領海	0	0	0	0	0	0
	排他的経済水域	7	0	0	0	1	8
	合計	7	0	0	0	1	8
ロシア	領海	0	0	0	0	0	0
	排他的経済水域	0	0	0	0	0	0
	合計	0	0	0	0	0	0
台湾	領海	0	0	0	0	0	0
	排他的経済水域	0	0	0	0	0	0
	合計	0	0	0	0	0	0
その他	領海	0	0	0	0	0	0
	排他的経済水域	0	0	0	0	0	0
	合計	0	0	0	0	0	0
合計	領海	0	0	0	0	0	0
	排他的経済水域	7	0	1	0	1	9
	合計	7	0	1	0	1	9

今後の取組

海上保安庁では、引き続き、地元漁業関係者等からの取締り要請にも適切に対応するため、関係機関との連携強化を図るとともに、必要な要員や巡視船艇・航空機の増強、資機材の整備を進め、情報収集・分析活動に基づく的確な監視・取締りを実施していきます。

2 治安の確保

3 領海・EEZを守る

4 青い海を守る

5 災害に備える

6 海を知る

7 海上交通の安全を守る

8 海をつなぐ

我が国排他的経済水域で無許可操業を行った 中国さんご漁船を検挙

令和5年2月、しょう戒中の鹿児島航空基地所属の航空機が、鹿児島県臥蛇島西方約80kmの我が国**排他的経済水域**において、無許可操業を行っている中国さんご漁船を認めました。その後、現場に急行した鹿児島海上保安部、串木野海上保安部及び種子島海上保安署の所属巡視船により、当該漁船を停船させ、中国人船長を「**排他的経済水域**における漁業等に関する主権的権利の行使等に関する法律」違反（無許可操業）の容疑で現行犯逮捕しました。

無許可操業を行う中国漁船を停船させている状況

CHAPTER IV	密輸・密航対策

海上からの密輸については、一度に大量の薬物を密輸する事犯が相次いで発生しており、その手口は、海上貨物への隠匿等によるもので、大口化、巧妙化の傾向が続いています。

また、船舶利用による密航については、かつて多発した密航船による集団密航ではなく、貨物船等の乗組員や訪日クルーズ船の乗客が上陸後行方をくらますといった態様が多く、小口化の傾向が続いています。特に密輸事犯は、暴力団等や外国人の組織的な関与が見受けられることから、国際的な組織犯罪が行われているものと考えられます。

海上保安庁では、関係機関と連携し、我が国の治安及び法秩序を乱す密輸・密航事犯を厳格に取締り、密輸・密航の水際阻止を図っています。

令和5年の現況

密輸事犯について

令和5年の薬物事犯の摘発件数は4件で、押収量は覚醒剤約750kg（末端密売価格約465億円相当）でした。

薬物以外の密輸については、海上貨物に隠匿された金地金約16kg（鑑定価格約1億4千万円相当）や回転式拳銃の弾倉を摘発しています。

近年、海上からの密輸事犯は、小型船舶を利用した瀬取りや海上貨物への隠匿といった手法により、一度に大量の薬物等を密輸する事犯が発生しており、密輸手口は大口化・巧妙化の傾向が続いています。

また、不正薬物の乱用が依然として顕著であり、若年層への薬物蔓延が懸念される昨今の情勢において、海外からの不正薬物の供給を遮断する観点からも、密輸を水際で阻止することは非常に重要です。

引き続き、監視体制の強化や国内外の関係機関との連携強化を図り、密輸の水際阻止を強力に推進します。

薬物事犯の摘発状況

区分	年別	平成31年/令和元年	令和2年	令和3年	令和4年	令和5年
摘発件数		9	5	11	6	11
押収量	覚醒剤	1,647.67kg	237.38kg	626.49kg（1件鑑定中）	11.96kg	749.34kg
	大麻	227.59g	微量	164.17g	300.56kg	62.53g
	麻薬	577.65kg	781.76kg	2.00kg	0	847.20g
	あへん	0	0	0	0	0
	指定薬物	0	0	0	0	0.73g

※表の数値は、関係機関と合同で摘発したものを含む。

銃器事犯の摘発状況

区分	年別	平成31年/令和元年	令和2年	令和3年	令和4年	令和5年
摘発件数		1	1	0	0	1
押収量	銃砲（丁）	0	0	0	0	0
	拳銃（丁）	0	0	0	0	0
	準空気銃等（丁）※模造拳銃を含む	0	0	0	0	0
	実包（発）	1	38	0	0	0

※表の数値は、関係機関と合同で摘発したものを含む。

最近の主な薬物・銃器事犯摘発状況

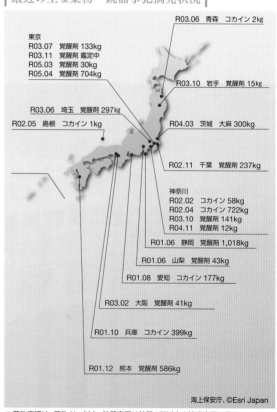

東京
R03.07 覚醒剤 133kg
R03.11 覚醒剤 鑑定中
R05.03 覚醒剤 30kg
R05.04 覚醒剤 704kg

R03.06 青森 コカイン 2kg
R03.10 岩手 覚醒剤 15kg
R03.06 埼玉 覚醒剤 297kg
R02.05 島根 コカイン 1kg
R04.03 茨城 大麻 300kg
R02.11 千葉 覚醒剤 237kg

神奈川
R02.02 コカイン 58kg
R02.04 コカイン 722kg
R03.10 覚醒剤 141kg
R04.11 覚醒剤 12kg

R01.06 静岡 覚醒剤 1,018kg
R01.06 山梨 覚醒剤 43kg
R01.08 愛知 コカイン 177kg
R03.02 大阪 覚醒剤 41kg
R01.10 兵庫 コカイン 399kg
R01.12 熊本 覚醒剤 586kg

海上保安庁、©Esri Japan

※薬物事犯は、薬物1kg以上、銃器事犯は銃器1丁以上の摘発事犯に限る。

密航事犯について

令和5年における密航事犯の摘発件数は1件であり、不法上陸者1名を摘発しました。

近年の船舶利用による密航は、船員等が単独で不法上陸するなど、小口化の傾向が続いているほか、上陸許可を受けていない乗組員が短時間上陸するなど、摘発には至らない軽微な違反が発生しています。

海上保安庁では、外国から入港する船舶に対する立入検査のみならず、港湾の監視・警戒、国内外関係機関との連携及び情報収集活動を行うことにより、不法上陸の防止を図るとともに、犯罪インフラ事犯*の取締りにも重点を置いています。

* 犯罪インフラとは、犯罪を助長し、又は容易にする基盤のこと。外国人に係る犯罪インフラ事犯には、不法就労助長、旅券・在留カード等偽造、偽造在留カード所持等が挙げられる。

船舶利用の密航事犯の摘発状況

区分 \ 年別	平成31年/令和元年	令和2年	令和3年	令和4年	令和5年
摘 発 件 数（件）	4	0	5	1	1
罪 種 別（人）	7	0	8	1	1
不法入国・上陸者	5	0	8	1	1
不法入国・上陸手引者	2	0	0	0	0
不法出国者（企図者を含む）	0	0	0	0	0
不法出国手引者	0	0	0	0	0

※ 表の数値は、関係機関と合同で摘発したものを含む。

船舶利用の密航者国籍別の摘発状況

国籍 \ 年別	平成31年/令和元年	令和2年	令和3年	令和4年	令和5年
中 国（人）	3	0	1	0	0
韓 国（人）	0	0	0	0	0
ベトナム（人）	2	0	5	1	0
ロ シ ア（人）	0	0	2	0	1
日 本（人）	0	0	0	0	0
合 計（人）	5	0	8	1	1

※ 表の数値は、関係機関と合同で摘発したものを含む。

今後の取組

海上保安庁では、引き続き、**国際組織犯罪対策基地**を中心に国内外の関係機関との連携を強化しつつ、海事・漁業関係者や地元住民からの情報収集を行うとともに、その分析活動に努め、密輸・密航が行われる可能性が高い海域において、巡視船艇・航空機による重点的な監視・警戒を実施し、密輸・密航の蓋然性が高い地域から来航する船舶に対しても、重点的な立入検査や密輸・密航防止に係る啓発活動を実施し、密輸・密航等の水際阻止に努めていきます。

アラブ首長国連邦来覚醒剤密輸入事件
～覚醒剤約700kgを押収～

令和5年3月、第三管区海上保安本部及び**国際組織犯罪対策基地**は、関係機関と合同で、アラブ首長国連邦（UAE）から来た海上貨物内に隠匿された覚醒剤約700kg（末端密売価格約434億円相当）の密輸入事件を摘発し、中国籍の男女7名を「国際的な協力の下に規制薬物に係る不正行為を助長する行為等の防止を図るための麻薬及び向精神薬取締法違反等の特例等に関する法律」違反（規制薬物としての所持）で逮捕しました。その後逮捕した被疑者のうち3名を「覚醒剤取締法」違反（営利目的輸入）で再逮捕しました。

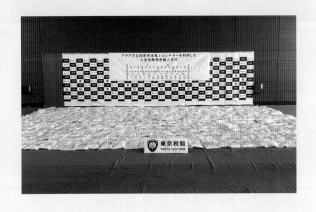

CHAPTER V テロ対策

世界各地において、イスラム過激派やその思想に影響を受けたとみられる者等によるテロ事件が多発しており、また、ISIL等のテロ組織が日本を含む各国をテロの標的として名指しして、アジア諸国においてもISIL等によるテロが相次ぐなど、国際テロの脅威が継続しています。さらに、ドローンを使用したテロ等、新たなテロの脅威への対策も重要な課題となっています。

海上保安庁では、巡視船艇・航空機による監視警戒、関連情報の収集、関係機関との緊密な連携による水際等でのテロ対策に加え、海事関係者や事業者等に対して自主警備の強化を働きかけるとともに、不審事象の情報提供を依頼するなど、官民一体となったテロ対策を推進し、より一層テロの未然防止に万全を期していきます。

令和5年の現況

海上保安庁では、巡視船艇・航空機による原子力発電所や石油コンビナート等の重要インフラ施設警戒のほか、旅客ターミナル・フェリー等のいわゆるソフトターゲットにも重点を置いた警戒を実施しています。

また、国際テロ等を未然に防止するために、人及び物の流れの拠点である港湾においてテロ対策をはじめとする保安対策の一層の強化を図っており、「**国際航海船舶及び国際港湾施設の保安の確保等に関する法律**」に基づく通報のあった、外国からの入港船舶1,740隻に対して立入検査を行いましたが、テロとの関連が疑われる船舶は認められませんでした。国際港湾においては、港湾危機管理官を中心に、警察、入管、税関、港湾管理者等の関係機関や港湾関係者と緊密に連携しながら、不審事案発生時に備えた合同訓練や港湾保安設備の合同点検等、間隙のない水際対策に取り組んでいます。

このほか、海上や臨海部において、天皇陛下や皇族方の警衛、国内外の要人の警護及び祭礼等の行事に際して不測の事態に備えた警備実施を行い、テロ等違法行為の未然防止に取り組んでいます。

原発警戒　　　　　　立入検査の状況　　　　　　関係機関との合同訓練　　　　　　港湾保安設備の合同点検

新たな脅威への対応

近年、世界各国でドローンを用いたテロ事案等が発生しており、我が国においてもそのような新たなテロの脅威に対し、「重要施設の周辺地域の上空における小型無人機等の飛行の禁止に関する法律」等を適切に運用して未然防止を図っているところです。海上保安庁においては、関係機関と連携して不審なドローンの飛行に関する情報を把握するとともに、ドローン対策資機材を活用するなど、複合的な対策を講じています。

G7広島サミットにおける海上警備

令和5年5月19日から同月21日までの間、広島県広島市に各国の首脳等が集まり、G7広島サミットが開催されました。

世界中から注目を集めるサミットは、過去にもテロの標的とされており、現下の極めて厳しいテロ情勢に鑑みて、開催地のみならず、全国的にテロ警戒を強化する必要があり、また、日本国内においても要人を狙ったローンオフェンダー型の事案が相次いで発生したところ、要人警護の重要性及び国民の要人警護に対する関心が一層の高まりをみせることとなり、G7広島サミットの警備情勢は緊張を極めるものとなりました。

さらに、G7広島サミットは、会議場が海に囲まれた臨海部にあったことに加え、各国の首脳等が船舶に乗船して会議場と訪問先の宮島との間を移動することも計画されていたため、海上での警備・警護を担う海上保安庁の役割は極めて重要なものとなりました。

このような状況の中、海上保安庁においては、本庁及び第六管区海上保安本部に海上警備・警護対策本部等を設置し、警察等関係機関との連携を密にして必要な体制を構築し、G7広島サミット期間中には日本全国から80隻を超える巡視船艇等、ヘリコプター4機、無操縦者航空機2機を投入して海上警備・警護にあたりました。

また、海事・漁業関係者等と連携したテロ対策の取組と

して、会議場等周辺海域の安全を確保するため「航行自粛海域」や「事前通報対象海域」を設定し、海事・漁業関係者等に、G7広島サミット期間中の入出港をなるべく避けるといった運航調整や、対象海域を通航する際の事前通報などにご協力をいただきました。加えて、会議場等のみならず、旅客ターミナル・フェリー等のソフトターゲットがテロの標的となる可能性もあることから、官学民が参画する「海上・臨海部テロ対策協議会」において作成した「テロ対策啓発用リーフレット」を配布するなどして、海事・漁業関係者等に、自主警備の強化や情報提供等のご協力をいただき、官民一体となってテロ対策に取り組み、海上警備・警護を完遂することができました。

全国から集結した巡視艇

G7広島サミットにおける海上警備の様子

官民一体となったテロ対策の推進

公共交通機関や大規模集客施設といった、いわゆるソフトターゲットはテロの標的となる傾向にあり、これらは日常の身近なところで発生する可能性があるた

海上・臨海部テロ対策協議会の状況

め、この対策には国民の皆様の理解と協力が不可欠です。

このため、海上保安庁では、官民が連携したテロ対策の推進に力を入れており、臨海部のソフトターゲットである旅客ターミナルやフェリー等の海事・港湾事業者等とともにテロ対策を進めています。

平成29年度から、官学民が参画する「海上・臨海部テ

ロ対策協議会」を開催し、官民一体となってテロ対策について議論・検討しており、令和5年度においては、G7広島サミット等に向けて同協議会作成の

テロ対策啓発用リーフレット

「テロ対策啓発用リーフレット」を各協議会メンバーで周知するなどして活用したほか、G7広島サミットにおけるテロ対策の取組を振り返り、令和7年に大阪府で開催される「2025年日本国際博覧会」（大阪・関西万博）に向けたテロ対策の強化策等について議論を重ねています。

今後の取組

海上保安庁においては、今後もテロが現実の脅威であるとの認識の下、テロの未然防止やテロ発生時の対処にかかる体制を確実に整備していくとともに、関係機関や事業者等とより緊密に連携し、官民一体となってテロ対策に取り組んでいきます。

2 治安の確保

領海・EEZを守る

4 青い海を守る

5 災害に備える

6 海を知る

7 海上交通の安全を守る

生命を救う

海をつなぐ

CHAPTER VI 不審船・工作船対策

　海上保安庁では、昭和23年の発足以来、これまで21隻の不審船・工作船を確認しています。これらの不審船・工作船は平成13年に発生した九州南西海域での工作船事件にみられるように、覚醒剤の運搬や工作員の不法出入国等の重大犯罪に関与している可能性が高く、我が国の治安を脅かすこれらの活動を未然に防止することは重要な課題です。

　海上保安庁では、巡視船艇・航空機により不審な船舶に対する監視警戒を行うとともに、各種訓練を通じ、発見時における適切な対処能力の向上に努めています。

令和5年の現況

　令和5年は、不審船・工作船の活動は確認していませんが、海上保安庁では、情報収集や巡視船艇・航空機による監視警戒により、不審船・工作船対策に引き続き、万全を期しています。

　また、不審船・工作船への対応を主目的として整備された「2,000トン型巡視船（ヘリ甲板付高速高機能）」、「1,000トン型巡視船（高速高機能）」及び高速特殊警備船を中心に各種訓練を実施しました。

　このほか、関係機関や民間ボランティア等との情報交換を緊密に行うことにより、不審船・工作船に関する情報収集に努めています。

今後の取組

　海上保安庁では、引き続き、各種訓練を通じて不審船対応能力の維持・向上に努めるとともに、関係機関等との連携を一層強化して、不審船・工作船の早期発見に努め、発見時には厳格に対処していきます。

海上自衛隊との不審船対処に係る共同訓練の取組状況

　不審船対処に係る共同訓練は、平成11年に策定した「不審船に係る共同対処マニュアル」に基づき、海上保安庁と海上自衛隊の共同対処能力の維持・向上を図ることを目的に実施しています。

　令和5年度は、海上保安庁及び海上自衛隊の船舶・航空機による不審船対処に係る情報共有訓練、不審船の共同追跡・監視訓練、停船措置訓練を第二管区海上保安本部において実施し、その訓練では無操縦者航空機「シーガーディアン」を投入しました。

　海上自衛隊との不審船対処に係る共同訓練はこれまで26回実施しており、引き続き不審船対処に係る海上自衛隊との連携強化を図っていきます。

不審船の共同追跡・監視訓練

CHAPTER VII | 海賊対策

　全世界の**海賊**及び船舶に対する海上武装強盗（以下「**海賊**等」）事案は、世界各国の政府機関や海事関係者の懸命な取組により近年減少傾向にあるものの、依然として**海賊**等の脅威は存続しています。

　主要な貿易のほとんどを海上輸送に依存する我が国にとって、航行船舶の安全を確保することは、社会経済や国民生活の安定にとって必要不可欠であり、極めて重要な課題です。

　海上保安庁では、東南アジア海域等へ巡視船を派遣し、**海賊**対策のためのしょう戒や沿岸国海上保安機関に対する法執行能力向上支援等を行うとともに、**海賊**対処のため、ソマリア沖・アデン湾に派遣されている海上自衛隊の護衛艦へ海上保安官を同乗させるなど、**海賊**対策を実施しています。

令和5年の現況

海賊等の発生状況

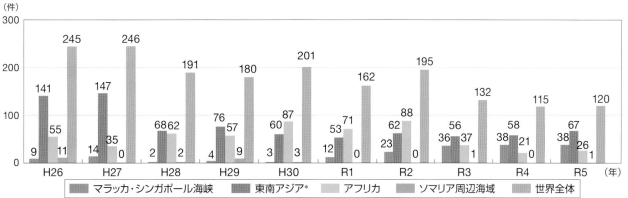

（件）

	H26	H27	H28	H29	H30	R1	R2	R3	R4	R5
マラッカ・シンガポール海峡	9	14	2	4	3	12	23	36	38	38
東南アジア*	141	147	68	76	60	53	62	56	58	67
アフリカ	55	35	62	57	87	71	88	37	21	26
ソマリア周辺海域	11	0	2	9	3	0	0	1	0	1
世界全体	245	246	191	180	201	162	195	132	115	120

＊ベトナム及び南シナ海を除く

出典：国際海事局（IMB）年次報告書

東南アジア海域の海賊等について

　令和5年の東南アジア海域における**海賊**等発生件数は67件であり、前年より増加しました。また、**マラッカ・シンガポール海峡**における**海賊**等発生件数は38件（上記件数の内数）発生しており、現金、乗組員の所持品、船舶予備品等の窃盗が多数を占めています。

　これらの**海賊**対策のため、海上保安庁では、平成12年から東南アジア海域等に巡視船・航空機を派遣し、**公海**上でのしょう戒のほか、寄港国海上保安機関等との連携訓練や意見・情報交換を行うなど連携・協力関係の推進に取り組んでいます。令和5年5月、12月及び令和6年1月には、巡視船・航空機をフィリピン周辺海域やインド等に派遣し、沿岸国海上保安機関と連携訓練を実施しました。

令和5年5月　フィリピンとの連携訓練　　　　　令和6年1月　インドとの連携訓練

2 治安の確保

ソマリア沖・アデン湾の海賊等について

　ソマリア沖・アデン湾における**海賊**等発生件数は、国際海事局（IMB：International Maritime Bureau）の年次報告書によると、令和5年は1件でした。

　ソマリア国内の不安定な治安や貧困といった**海賊**等を生み出す根本的な要因が未だ解決していない状況にかんがみれば、**海賊**等の脅威は存続しているといえます。海上保安庁では、**海賊**対処のために派遣された海上自衛隊の護衛艦に、海上保安官を同乗させ、**海賊**の逮捕、取調べ、証拠収集等の司法警察活動に備えつつ、自衛官とともに**海賊**行為の監視、情報収集等を行っており、平成21年に第1次隊を派遣して以降、令和6年3月末までに合計47隊379名を派遣しています。

　令和5年は、ジブチ共和国沿岸警備隊と**海賊**護送訓練を実施するなど、連携強化に取り組みました。

今後の取組

　海上保安庁では、今後とも、**海賊**対処のために派遣される海上自衛隊の護衛艦に海上保安官を同乗させるほか、ソマリア沖・アデン湾や東南アジア海域等の沿岸国海上保安機関に対する法執行能力向上支援にも引き続き取り組み、関係国、関係機関と連携しながら、**海賊**対策を的確に実施していきます。

現場の声

ソマリア沖・アデン湾における海上保安官の活動

　我々が所属した第45次ソマリア周辺海域派遣捜査隊は、令和5年6月に海上自衛隊護衛艦「いかづち」に乗艦して横須賀港を出港し、197日間の派遣を完遂しました。

　派遣中は司法警察活動のための即応体制を維持しつつ、海上自衛官と連携した**海賊**逮捕・護送に関する様々な訓練を重ねながら、**海賊**事案の発生に備えました。

　ソマリア周辺海域における**海賊**事案を受けて開始された当該海域への海上保安官の派遣も我々45次隊の時点で14年が経過し、360名の海上保安官がソマリア周辺海域派遣捜査隊として、これまで経験したことのない酷暑と異国文化の洗礼を浴びながら当該海域での業務に従事してきました。

第45次ソマリア周辺海域派遣捜査隊
隊長　宮本　幹央

　一時期は沈静化していたソマリア周辺海域の**海賊**も、最近は周辺地域の混乱を受けて再び活性化の兆候が見られます。国際物流の要衝となる当該海域の安定は日本に限らず世界経済の安定に直結しており、海上保安庁は今後も国際社会の一員として、海上自衛隊と連携してソマリア周辺海域の治安確保に貢献していきます。

3 領海・EEZを守る

　四方を海で囲まれた我が国は、国土面積の約12倍にも相当する領海と排他的経済水域(EEZ)を有する世界有数の海洋国家です。

　近年、我が国の近隣諸国等は、海洋進出の動きを活発化させており、特に、尖閣諸島周辺海域では、平成24年9月の海上保安庁による尖閣三島(魚釣島、北小島、南小島)の取得・保有以降、中国海警局に所属する船舶による領海侵入が繰り返されるなど、我が国周辺海域を巡る情勢は緊迫化するとともに、我が国の主権の確保、海洋権益の保全がますます重要な課題となっています。

　海上保安庁では、こうした緊迫化する情勢下においても、国際法や国内法に基づき、領海警備、EEZにおける監視警戒及び海洋調査による海洋情報の整備を的確に実施し、我が国の主権を確保するとともに、海洋権益の保全に努めています。

海洋に関する国際的なルール

海洋に関する国際的なルール

　四方を海に囲まれた我が国は、国土面積の約12倍、447万km²にも及ぶ**領海**と**排他的経済水域（EEZ）**を有しています。また、平成24年4月**大陸棚**限界委員会からの勧告により、我が国の国土面積の約8割にあたる**大陸棚**の延長が認められました。これを受け、平成26年10月には我が国初の延長**大陸棚**が設定されました。

　海洋に関する国際的なルールは「**海洋法に関する国際連合条約（国連海洋法条約）**」により定められています。同条約は「海の憲法」とも呼ばれ、**領海**や**排他的経済水域**などの海域の分類や沿岸国の権利義務関係など海洋に関する様々なルールを定めています。

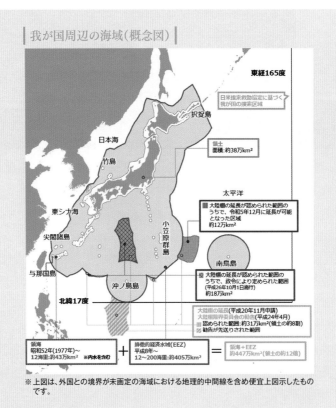

我が国周辺の海域（概念図）

東経165度

日米捜索救助協定に基づく我が国の捜索区域

択捉島

日本海

竹島

領土
面積：約38万km²

太平洋

東シナ海

■ 大陸棚の延長が認められた範囲のうちで、令和5年12月に延長が可能となった区域
約12万km²

尖閣諸島

小笠原群島

与那国島

南鳥島

沖ノ鳥島

■ 大陸棚の延長が認められた範囲のうちで、政令により定められた範囲（平成26年10月1日施行）
約18万km²

北緯17度

大陸棚の延長（平成20年11月申請）
大陸棚限界委員会の勧告（平成24年4月）
■ 認められた範囲：約31万km²（領土の約8割）
■ 勧告が先送りされた範囲

領海
昭和52年(1977年)～
12海里：約43万km²　　※内水を含む

＋

排他的経済水域（EEZ）
平成8年～
12～200海里：約405万km²

＝

領海＋EEZ
約447万km²（領土の約12倍）

※ 上図は、外国との境界が未画定の海域における地理的中間線を含め便宜上図示したものです。

領海・排他的経済水域等模式図

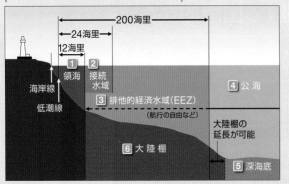

200海里

24海里

12海里

海岸線

低潮線

1 領海

2 接続水域

3 排他的経済水域（EEZ）
（航行の自由など）

4 公海

6 大陸棚

大陸棚の延長が可能

5 深海底

領海の基線等の模式図

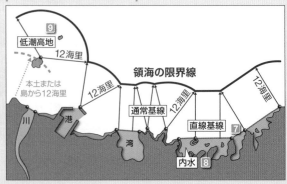

9 低潮高地

12海里

本土または島から12海里

領海の限界線

川

港

12海里

通常基線

12海里

直線基線

7

湾

内水 8

12海里

※ 国連海洋法条約第7部（公海）の規定はすべて、実線部分に適用されます。また、航行の自由をはじめとする一定の事項については、点線部分にも適用されます。

主な海の区分と沿岸国の権利

国連海洋法条約に基づく海域や基線等は次のとおりです。

※以下の内容はあくまで一般的な場合の説明です。詳細については、外務省のHP、関係法令等を参照してください。

1 領海

領海の基線（**7**参照）からその外側12海里（約22km）の線までの海域で、沿岸国の主権が及びますが、**領海**に対する主権は**国連海洋法条約**及び国際法の他の規則に従って行使されます。すべての国の船舶は、**領海**において無害通航権*を有します。また、沿岸国の主権は、**領海**の上空、海底及び海底下にまで及びます。

* 沿岸国の平和、秩序又は安全を害しない限り、沿岸国に妨げられることなくその領海を通航する権利。

2 接続水域

領海の基線からその外側24海里（約44km）の線までの海域（**領海**を除く。）で、沿岸国が、自国の領域における通関、財政、出入国管理（密輸入や密入国等）又は衛生（伝染病等）に関する法令の違反の防止及び処罰を行うことが認められた水域です。

3 排他的経済水域（EEZ）

原則として**領海の基線**からその外側200海里（約370km）の線までの海域（**領海**を除く。）です。なお、**排他的経済水域**においては、沿岸国に以下の権利、管轄権等が認められています。

①海底の上部水域並びに海底及びその下の天然資源の探査、開発、保存及び管理等のための主権的権利

②人工島、施設及び構築物の設置及び利用に関する管轄権

③海洋の科学的調査に関する管轄権

④海洋環境の保護及び保全に関する管轄権

4 公海

国連海洋法条約上、**公海**に関する規定は、いずれの国の**排他的経済水域**、**領海**若しくは内水又はいずれの群島国の群島水域にも含まれない海洋のすべての部分に適用されます。**公海**はすべての国に開放され、すべての国が**公海**の自由（航行の自由、上空飛行の自由、一定の条件の下での漁獲の自由、海洋の科学的調査の自由等）を享受します。

5 深海底

深海底及びその資源は「人類共同の財産」と位置付けられ、いずれの国も深海底又はその資源について主権又は主権的権利を主張又は行使等できません。

6 大陸棚

原則として**領海の基線**からその外側200海里（約370km）の線までの海域（**領海**を除く。）の海底及びその下ですが、地質的及び地形的条件等によっては**国連海洋法条約**の規定に従い延長することができます。沿岸国には、**大陸棚**を探査し及びその天然資源を開発するための主権的権利を行使することが認められています。

7 領海の基線

領海の幅を測る基準となる線です。通常は、海岸の**低潮線**（干満により、海面が最も低くなったときに陸地と水面の境界となる線）ですが、海岸が著しく曲折しているか、海岸に沿って至近距離に一連の島がある場所には、一定の条件を満たす場合、適当な地点を結んだ直線を基線（直線基線）とすることができます。

8 内水

領海の基線の陸地側の水域で、沿岸国の主権が及びます。内水においては外国船舶に無害通航権は認められませんが、直線基線の適用以前に内水とされていなかった水域が、直線基線の適用後に内水として取り込まれることとなった場合に限り、すべての国の船舶はその水域において無害通航権を有します。

9 低潮高地

低潮高地とは、自然に形成された陸地であって、低潮時には水に囲まれ水面上にあるが、高潮時には水中に没するものをいいます。低潮高地の全部又は一部が本土又は島から**領海**の幅を超えない距離にあるときは、その**低潮線**は、**領海**の幅を測定するための基線として用いることができます。低潮高地は、その全部が本土又は島から**領海**の幅を超える距離にあるときは、それ自体の**領海**を有しません。

1 生命を救う
2 治安の確保
3 領海・EEZを守る
4 青い海を守る
5 災害に備える
6 海を知る
7 海上交通の安全を守る
8 海をつなぐ

CHAPTER **II** 尖閣諸島周辺海域の緊迫化

尖閣諸島の概要

尖閣諸島（沖縄県石垣市）は、南西諸島西端に位置する魚釣島、北小島、南小島、久場島、大正島、沖ノ北岩、沖ノ南岩、飛瀬等から成る島々の総称です。

尖閣諸島及び周辺海域の安定的な維持・管理を図るため、海上保安庁にて、平成24年9月11日、尖閣諸島の魚釣島、北小島、南小島の三島を取得し、保有しています。

尖閣諸島周辺の**領海**の面積は約4,740km²で東京都と神奈川県の面積を足した面積（約4,605km²）とほぼ同じ広さです。また、尖閣諸島周辺の**領海・接続水域**は、四国と重ね合わせるとその広大さが見て取れます。海上保安庁では、この広大な海域で、昼夜を分かたず、巡視船・航空機により**領海**警備を実施しています。

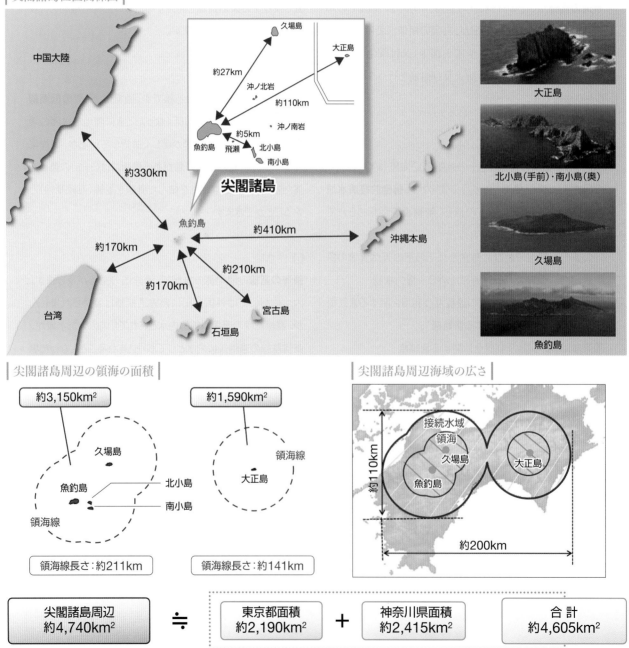

尖閣諸島位置関係図

大正島

北小島（手前）・南小島（奥）

久場島

魚釣島

尖閣諸島周辺の領海の面積

約3,150km²　約1,590km²

久場島
魚釣島
北小島
南小島
領海線
大正島
領海線

領海線長さ：約211km　　領海線長さ：約141km

尖閣諸島周辺海域の広さ

接続水域
領海
久場島
魚釣島
大正島
約110km
約200km

尖閣諸島周辺 約4,740km²	≒	東京都面積 約2,190km²	+	神奈川県面積 約2,415km²	合 計 約4,605km²

生命を救う　1

治安の確保　2

領海・EEZを守る　3

青い海を守る　4

災害に備える　5

海を知る　6

海上交通の安全を守る　7

海をつなぐ　8

尖閣諸島周辺海域をめぐる主な情勢

尖閣諸島周辺海域をめぐる主な情勢

明治28年	尖閣諸島を沖縄県に編入することを閣議決定
昭和44年	国連アジア極東経済委員会が尖閣諸島周辺海域に石油資源が埋蔵されている可能性を指摘
昭和46年	中国及び台湾が「領有権」について独自の主張を開始
昭和52年	我が国で「領海法*」が施行　※現在の「領海及び接続水域に関する法律」
昭和53年　4月	12日～18日、延べ357隻の中国漁船が尖閣諸島領海に侵入
平成　8年　7月	我が国について国連海洋法条約が発効(排他的経済水域(EEZ)の設定)
平成　8年　9月	中国海洋調査船が尖閣諸島領海に侵入
平成　8年10月	香港、台湾の活動家等が乗船した船舶49隻が尖閣諸島に接近うち41隻が領海侵入　活動家4名が魚釣島に上陸
平成16年　3月	中国の活動家等が乗船した船舶1隻が尖閣諸島領海に侵入　活動家7名が魚釣島に上陸
平成20年12月	中国海監船2隻が尖閣諸島領海に侵入
平成22年　9月	尖閣諸島領海内で中国漁船による公務執行妨害等被疑事件が発生
	―― 以後、中国海監船、中国漁政船が従来以上の頻度で尖閣諸島周辺海域に接近する事案が発生 ――
平成23年　8月	中国漁政船2隻が尖閣諸島領海に侵入
平成24年　3月	中国海監船1隻が尖閣諸島領海に侵入
平成24年　7月	中国漁政船4隻が尖閣諸島領海に侵入
平成24年　8月	香港の活動家等が乗船した船舶1隻が尖閣諸島領海に侵入 活動家7名が魚釣島に上陸
平成24年　9月	海上保安庁による尖閣三島(魚釣島、北小島、南小島)の取得・保有
	―― 以後、中国海監船、中国漁政船が尖閣諸島周辺海域に接近する事案が頻繁に発生、領海に侵入する事案も増加 ――
平成25年　7月	中国海上法執行機関の再編統合 中国海警船4隻が尖閣諸島領海に侵入
平成27年12月	外観上、明らかに機関砲を搭載した中国海警船1隻が尖閣諸島領海に侵入
	―― 以後、外観上明らかに機関砲を搭載した中国海警船が尖閣諸島周辺海域に接近する事案が頻繁に発生、領海に侵入する事案も増加 ――
平成28年　8月	中国漁船に引き続く形で中国海警船等が繰り返し尖閣諸島領海に侵入
平成29年　5月	尖閣諸島領海に侵入中の中国海警船の上空において、小型無人機らしき物体1機が飛行
平成30年　7月	中国海警局が人民武装警察部隊(武警)に編入
令和3年　2月	中国海警法施行

中国海警局に所属する船舶等への対応

　尖閣諸島周辺の**接続水域**においては、ほぼ毎日、中国海警局に所属する船舶による活動が確認されており、令和5年の年間確認日数は352日で、過去最多を更新しました。また、**接続水域**における連続確認日数にあっては134日であり、過去3番目に長い日数となりました。さらに、令和5年は尖閣諸島周辺の我が国**領海**において、中国海警局に所属する船舶による日本漁船等へ近づこうとする事案も繰り返し発生しており、これに伴う**領海**侵入時間は同年4月に過去最長の80時間36分となりました。海上保安庁では、24時間365日、常に尖閣諸島周辺海域に巡視船を配備して**領海**警備にあたっており、国際法・国内法に則り、冷静に、かつ、毅然として対応しています。

3 領海・EEZを守る

尖閣諸島周辺海域における中国海警局に所属する船舶等の動向

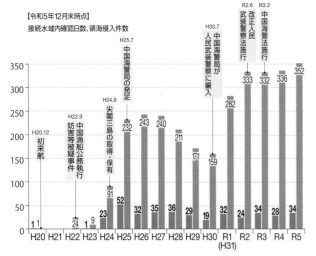
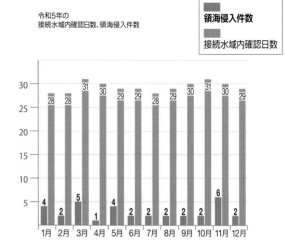

【令和5年12月末時点】
接続水域内確認日数、領海侵入件数

令和5年の
接続水域内確認日数、領海侵入件数

凡例：
■ 領海侵入件数
▨ 接続水域内確認日数

H20.12 初来航
H22.9 中国漁船公務執行妨害等被疑事件
H24.9 尖閣三島の取得・保有
H25.7 中国海警局の発足
H30.7 中国海警局が人民武装警察に編入
R2.6 改正人民武装警察法施行
R3.2 中国海警法施行

※平成21年1月から平成22年8月までの間、来航を認めていない
○ 最長の領海侵入時間　80時間36分（令和5年3月30日～4月2日）
○ 年間最大の領海侵入件数　52件（平成25年）

魚釣島警備にあたる巡視船

中国海警局に所属する船舶を監視する巡視船

中国海警局に所属する船舶等の勢力増強と大型化・武装化

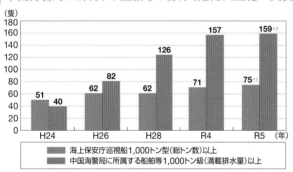

■ 海上保安庁巡視船1,000トン型（総トン数）以上
▨ 中国海警局に所属する船舶等1,000トン級（満載排水量）以上

＊1　令和5年度末の隻数
＊2　令和5年12月末現在の隻数　公開情報を基に推定（今後、変動の可能性あり）

中国海警局に所属する大型の船舶

機関砲を搭載した中国海警局に所属する船舶

中国海警局に所属する船舶による領海侵入の状況

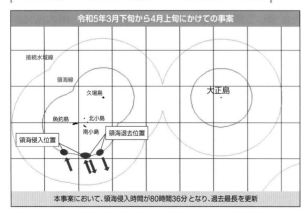

令和5年3月下旬から4月上旬にかけての事案

接続水域線／領海線／久場島／大正島／魚釣島／北小島／南小島／領海侵入位置／領海退去位置

本事案において、領海侵入時間が80時間36分となり、過去最長を更新

中国海警局に所属する船舶と並走する巡視船

日本漁船等に近づこうとする中国海警局に所属する船舶への対応

令和2年以降、尖閣諸島周辺の我が国**領海**において、中国海警局に所属する船舶が、操業等を行う日本漁船に近づこうとする事案が多数発生しており、令和5年は17件となっています。また、令和4年以降、中国海警局に所属する船舶が、同海域を航行等していた漁船以外の日本船舶に近づこうとする事案も発生しており、令和5年は2件となっています。

海上保安庁では、中国海警局に所属する船舶に対し、**領海**からの退去要求や進路規制を繰り返し実施するとともに、日本漁船等の周囲に巡視船を配備し安全を確保しています。いずれの事案でも、日本漁船等の乗組員に怪我はなく、船体等にも損傷は発生していません。

平成31年／令和元年～令和5年までの事案	
平成31年／令和元年	1件
令和2年	8件
令和3年	18件
令和4年	11件
令和5年	17件

尖閣諸島周辺海域における外国漁船

尖閣諸島周辺海域では、外国漁船による活動も続いています。令和5年の**領海**からの退去警告隻数は、中国漁船については4隻、台湾漁船については63隻となりました。

外国漁船の退去警告隻数

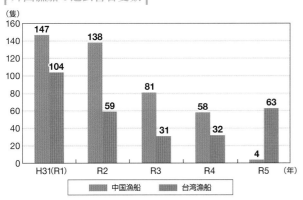

（隻）
年	中国漁船	台湾漁船
H31(R1)	147	104
R2	138	59
R3	81	31
R4	58	32
R5	4	63

■ 中国漁船　■ 台湾漁船

外国漁船に退去警告を行う巡視船

今後の取組

海上保安庁では、引き続き、我が国の領土・**領海**を断固として守り抜くという方針の下、関係機関と緊密に連携し、冷静に、かつ毅然として対応を続け、**領海**警備に万全を期していきます。

荒天下で任務につく巡視船

■本文中の**太字**の語句は、166ページからの「語句説明」に解説を掲載しています。

CHAPTER III　予断を許さない日本海大和堆周辺海域

日本海大和堆周辺海域における外国漁船等への対応

　日本海中央部の「大和堆」は、周囲に比べ水深が浅く、イカやカニなどの日本海有数の好漁場となっています。近年、大和堆周辺の我が国**排他的経済水域（EEZ）**では、違法操業を行う外国漁船が確認されていますが、大和堆周辺で操業する日本漁船の安全確保を最優先として、巡視船が違法操業を行う外国漁船に対応しています。

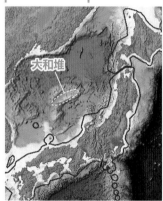

| 大和堆位置図 |

背景図:海上保安庁、©Esri Japan

水産庁との合同訓練の状況　　　　　　中国漁船に退去警告を行う巡視船

退去警告を受ける中国漁船　　　　北朝鮮漁船に退去警告を行う巡視船　　　北朝鮮漁船に放水をする巡視船

夜間に巡視船から放水を受ける北朝鮮漁船　　北朝鮮漁船に放水する巡視船　　　　日本漁船付近を警戒中の巡視船

　令和5年も、違法操業を行う外国漁船が大和堆周辺海域に近づくことを未然に防止し、日本漁船の安全を確保するため、我が国イカ釣り漁業の漁期前の5月下旬から大型巡視船を含む複数の巡視船を大和堆周辺海域に配備するとともに、航空機によるしょう戒を実施し、同海域において

14隻の外国漁船に対して退去警告を行いました。
　また、5月31日には、水産庁とより緊密な連携を図ることを目的に、巡視船等と漁業取締船が合同で、違法操業を行う外国漁船への対応を想定した退去警告、放水措置訓練等を実施しました。

今後の対応

　海上保安庁では、引き続き、水産庁をはじめとする関係省庁と緊密に連携の上、日本漁船の安全確保を最優先とし、違法操業を行う外国漁船に対し、厳正に対応していきます。

CHAPTER Ⅳ 外国海洋調査船等の活発化

外国海洋調査船への対応

我が国の**排他的経済水域（EEZ）**等において、外国船舶が調査活動等を行う場合は、**国連海洋法条約**に基づき、我が国の同意を得る必要があります。

しかし、近年、我が国周辺海域では、外国海洋調査船による我が国の同意を得ない調査活動や同意内容と異なる

調査活動（特異行動）が多数確認されています。

海上保安庁では、巡視船・航空機による監視警戒等を行い、特異行動を認めた外国船舶に対しては、活動状況や行動目的の確認を行うとともに、中止要求を実施するなど、関係省庁と連携して、適切に対応しています。

特異行動確認件数

	平成31年/令和元年	令和2年	令和3年	令和4年	令和5年
中国	5	1	4	2	2
台湾	0	0	0	1	3
韓国	0	0	0	2	0
計	5	1	4	5	5

外国海洋調査船に中止要求を行う巡視船

外国海洋調査船に中止要求を行う巡視船

今後の取組

海上保安庁では、今後も関係省庁と連携しつつ、巡視船や航空機による監視警戒や中止要求を実施するなど、適切に対応していきます。

尖閣諸島周辺海域の領海警備に従事する巡視船　　中止要求を受ける外国海洋調査船　　中国海警局に所属する船舶を監視する巡視船

■本文中の**太字の語句**は、166ページからの「語句説明」に解説を掲載しています。

CHAPTER V 海洋権益確保のための海洋調査

海洋権益の確保

---

1 海洋情報の整備

　四方を海に囲まれた我が国にとって、**領海**や**排他的経済水域（EEZ）** 等の海洋権益を確保することは極めて重要であり、そのためには基礎となる海洋情報の整備が不可欠です。

　海上保安庁では、他国による日本とは異なる主張に対し、我が国の海洋権益を確保するため、海洋調査の実施などにより、我が国周辺海域における基礎的な海洋情報を整備しています。

| 海洋権益確保のための海洋調査 |

　測量船により海流、海底地形、海底の地殻構造、底質を調査

　航空機により海底地形を調査

　自律型海洋観測装置（AOV）により潮位を観測

　無人高機能観測装置（USV）により海域火山の海底地形を調査

　自律型潜水調査機器（AUV）により海底地形を調査

測量船に搭載されたマルチビーム音響測深機や自律型潜水調査機器（AUV）等による海底地形調査、地殻構造調査や底質調査等を重点的に推進するとともに、自律型海洋観測装置（AOV）や航空機に搭載した航空レーザー測深機により、領海や排他的経済水域の外縁の根拠となる低潮線の調査を実施しています。

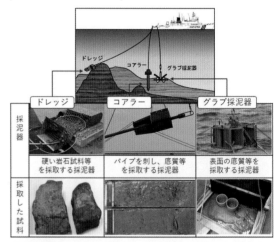

| 底質調査のイメージ |

ドレッジ　コアラー　グラブ採泥器

採泥器
ドレッジ：硬い岩石試料等を採取する採泥器
コアラー：パイプを刺し、底質等を採取する採泥器
グラブ採泥器：表面の底質等を採取する採泥器

採取した試料

底質調査は「ドレッジ」、「コアラー」や「グラブ採泥器」を海中に投下して、堆積物（海底を構成する物質）を採取する調査です。
採取した試料を分析することで底質の特徴を知ることができます。

2 海洋調査能力の強化

　海上保安庁は、平成28年に決定された「海上保安体制強化に関する方針」に基づき、大型測量船「平洋」及び「光洋」、測量機「あおばずく」、**自律型海洋観測装置（AOV）** などの整備を進めてきました。

　また、令和4年12月、「海上保安能力強化に関する方針」が決定され、今後は本方針に基づき、測量船や測量機器等の整備や高機能化といったハード面での能力向上に加えて、取得したデータをとりまとめ、論文等により対外発信するために必要な最新の情報処理技術の活用といった、ソフト面での能力強化にも取り組んでいきます。これらにより、海洋権益確保に資する優位性を持った海洋調査能力を構築していきます。

「あおばずく」　　AOV　　自律型潜水調査機器（AUV）　　「光洋」

浅海域の海底地形調査を実施（MA871、ビーチ350）　　潮位観測を実施　　海底地形調査を実施（写真は測量船「平洋」搭載のもの）　　沖合の海底地質を中心とする調査を実施

生命を救う

治安の確保

3 領海・EEZを守る

4 青い海を守る

5 災害に備える

6 海を知る

7 海上交通の安全を守る

8 海をつなぐ

3 海洋境界をめぐる主張への対応

国連海洋法条約の関連規定に基づき、沿岸国は、基本的に、**領海の基線**から200海里までの**排他的経済水域（EEZ）**及び**大陸棚**の権原を有しています。しかし、我が国と東シナ海をはさんで向かい合っている国との**領海の**基線の間の距離は400海里未満であるため、双方の**EEZ**及び**大陸棚**が重なる部分について、相手国との合意により境界を画定する必要があります。

中国及び韓国の大陸棚延長申請への対応

中国及び韓国は、東シナ海における境界画定は東シナ海の特性を踏まえるべきであり、沖縄トラフで大陸性地殻が切れると主張し、平成24年12月、**大陸棚**限界委員会に対し、沖縄トラフまでを自国の**大陸棚**とする**大陸棚**延長申請を行いました。昭和57年に採択された**国連海洋法条約**の関連規定とその後の国際判例に基づけば、向かい合う国の距離が400海里未満の水域において境界を画定するにあたっては、自然延長論が認められる余地はなく、また、沖縄トラフのような海底地形に法的な意味はありません。したがって、**大陸棚**を沖縄トラフまで主張できるとの考えは、現在の国際法に照らせば根拠に欠けます。

※ 国連海洋法条約は、沿岸国の大陸棚を領海の基線から200海里と定める一方、海底地形等の条件を満たせば、200海里を超える大陸棚を設定できることを定めている。

中国及び韓国の**大陸棚**延長申請に対する我が国の立場は、「**国連海洋法条約**の関連規定に従って、両国間それぞれの合意により境界を画定する必要があり、中国及び韓国の申請については、審査入りに必要となる事前の同意を与えていない」というものであり、**大陸棚**限界委員会に中国及び韓国の申請を審査しないよう求めた結果、同委員会は中国及び韓国の**大陸棚**延長申請の審査順が到来するまで、審査を実施するか否かの判断を延期しています。

しかしながら、中国及び韓国は海洋調査体制を強化しており、我が国としても科学的調査データを収集・整備しておく必要があります。

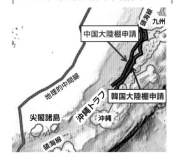

東シナ海における中国・韓国による大陸棚延長申請図

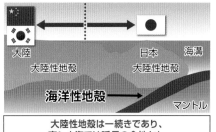

中国・韓国の大陸棚延長申請の主張

中韓の主張

大陸性地殻は沖縄トラフで切れており、境界画定には大陸棚の自然の延長が考慮されるべき

日本の主張

大陸性地殻は一続きであり、東シナ海では延長の余地なし

今後の取組

海上保安庁では、我が国の海洋権益を確保するため、外務省等の国内関係機関との連携・協力を進めつつ、他国による日本とは異なる境界画定の主張に対応するために、必要な海洋調査を計画的に実施していきます。

■本文中の**太字の語句**は、166ページからの「語句説明」に解説を掲載しています。

領海・EEZはどう決まる？

国連海洋法条約によると、**領海・EEZ**の外縁の根拠について「通常の基線は、沿岸国が公認する大縮尺**海図**に記載されている海岸の**低潮線**とする」とされています。**低潮線**とは、海面が最も低いときの陸地と水面の境界線のことであり、この**低潮線**の位置をより精密な調査によって決定することで、**領海**や**EEZ**の範囲が明確になります。

我が国の**海図**を作製・刊行している海上保安庁では、**低潮線**の位置を精密に調査するために、航空機や**自律型海洋観測装置（AOV）**による調査を実施しています。**航空レー**ザー測深機により取得する水深が浅い海域や岩礁地帯の詳細な海底地形データと、**AOV**により洋上で長期間にわたり取得した潮位データを基に算出された最も低くなる水面「精密最低水面」を組み合わせることで、従来よりも高精度に**低潮線**の位置を決定でき、新たな低潮高地の発見等、**領海**や**EEZ**の拡大につながることが期待されます。

海上保安庁では引き続き、最先端の技術を用いた精密**低潮線**調査を実施していきます。

精密低潮線調査の必要性

国連海洋法条約第5条（通常の基線）
「通常の基線は、沿岸国が公認する大縮尺海図に記載されている海岸の低潮線とする。」(抄)

精密低潮線調査による低潮高地等の発見

⇒領海・EEZが拡大
⇒他国による海洋境界等の主張に対し、我が国の立場を適切な形で主張

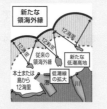

※低潮線とは、干満により海面がもっとも低くなったときに陸地と水面の境界となる線で、国連海洋法条約上、領海の幅を測定する根拠となるもの
※低潮高地とは、自然に形成された陸地であって、低潮時には水に囲まれ水面上にあるが、高潮時には水中に没するもの

精密低潮線調査

航空レーザー測深機による測深

自律型海洋観測装置（AOV）等による潮位観測

航空レーザー測深機

AOV

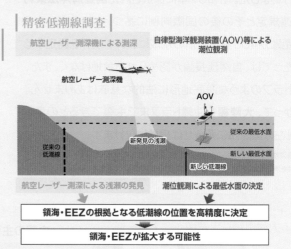

航空レーザー測深による浅瀬の発見

潮位観測による最低水面の決定

領海・EEZの根拠となる低潮線の位置を高精度に決定

領海・EEZが拡大する可能性

COLUMN
11

41年間、5万回の人工衛星レーザー測距観測

第五管区海上保安本部下里水路観測所

下里水路観測所が行っている人工衛星レーザー測距観測（以下「SLR観測」という。）の成功数が令和5年6月7日に5万回となりました。昭和57年の初観測成功から41年、昼夜を分かたず観測を続けた結果の5万回です。

下里水路観測所は日本で唯一の測地を目的としたSLR観測局です。SLR観測は、人工衛星にレーザー光を発射してから反射光が戻ってくるまでの時間を計測し、人工衛星と観測局の距離を測るものです。

下里水路観測所のSLR観測データはGPSなどに用いられる世界的な位置情報の基準である世界測地系の構築と維持に貢献するとともに、世界測地系における日本列島の正確な位置の決定に使用されています。海上保安庁は、SLR観測から得られた正確な日本の位置情報に基づいて**海図**を刊行し、日本近海を航行する船舶の航海安全を守っています。

正確な位置情報はスマートフォンなどが普及した現代では、私たちの生活を支える社会インフラであり、その維持にはSLR観測などの地球規模での精密測地観測が不可欠です。下里水路観測所はNASAを事務局とする国際レーザー測距事業を中心とした国際共同観測に参加しており、東アジア地域で最も歴史のある重要な観測局として正確な位置情報の維持に貢献しています。

下里水路観測所全景

レーザー測距観測風景（夜）　5万パス観測中のオペレーター

4 青い海を守る

　私たちの共通の財産である海を美しく保つため、海上保安庁では、海洋汚染の状況調査、海上環境法令違反の取締りを行うとともに、「未来に残そう青い海」をスローガンに、海洋環境保全に関する指導・啓発等に取り組んでいます。

CHAPTER Ⅰ	海洋汚染の現況
CHAPTER Ⅱ	海洋環境保全対策

4 青い海を守る

CHAPTER I 海洋汚染の現況

海洋汚染の現況

海上保安庁では、巡視船艇・航空機等による監視をはじめ、緊急通報用電話番号「**118番**」への通報をもとにした調査・取締りや、測量船による調査等から、海洋汚染の発生状況等を把握し、海洋汚染の防止や海洋環境の保全に努めています。令和5年に海上保安庁が確認した海洋汚染の件数は397件で、前年と比べ71件減少しました。

海洋汚染の確認件数を種類別に見ると、油による海洋汚染の件数が半数を超えて最も多く、次いで廃棄物による海洋汚染の件数が多くなっています。

油による海洋汚染の原因は、船舶に燃料油を給油する際の燃料タンクの不計測又はバルブ開閉不確認など、初歩的な不注意によるものが多く、作業開始時の確認により防止できるものが多くなっています。

また、廃棄物による海洋汚染の原因は、大半が不法投棄によるものであり、一般市民による家庭ごみの不法投棄によるものが半数を超えて最も多く、次いで漁業関係者による漁業活動で発生した残さなどの不法投棄によるものが多くなっています。

海洋汚染発生確認件数の推移

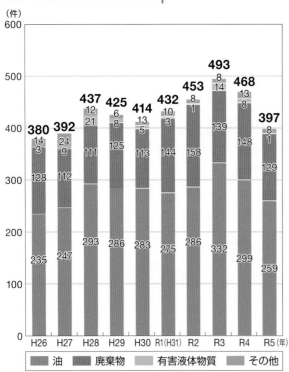

令和5年海洋汚染原因別に見た 油による海洋汚染確認件数(排出源が判明しているものに限る)

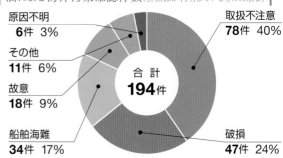

原因不明 **6件 3%**
その他 **11件 6%**
故意 **18件 9%**
船舶海難 **34件 17%**
取扱不注意 **78件 40%**
破損 **47件 24%**
合計 **194件**

令和5年海洋汚染原因別にみた 油以外の物質による海洋汚染確認件数

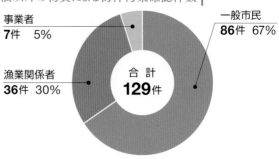

事業者 **7件 5%**
漁業関係者 **36件 30%**
一般市民 **86件 67%**
合計 **129件**

浮流油の状況

CHAPTER II

海洋環境保全対策

海上保安庁では、海上環境関係法令違反の監視・取締り、海洋環境の調査、海洋環境保全に関する指導・啓発活動等、海洋環境を保全するための総合的な取組を実施しています。

海洋環境保全対策の現況

1 海上環境関係法令違反の監視・取締り

海上保安庁では、海洋汚染につながる油の不法排出、廃棄物の不法投棄等の**海上環境関係法令**違反に対し、巡視船艇・航空機等による海・空からの監視・取締りに加え、沿岸部では陸上からの監視・取締りを実施しています。

令和5年に海上保安庁が送致した**海上環境関係法令**違反は599件であり、前年と比較して19件減少しました。違反を種類別に見ると、船舶からの油の不法排出や、廃棄

物、廃船の不法投棄が多くなっています。これらの違反は、発覚を逃れるため沖合海底に廃船を不法投棄するものや、企業が設備整備への投資を惜しんで汚水を不法排出するものなどであり、その形態も、夜陰に紛れた不法排出や不法投棄、船名や船体番号を抹消した上での廃船の不法投棄等、悪質・巧妙なケースが見受けられます。

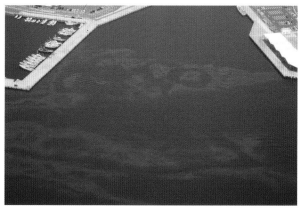

海上に広がる不法排出油の状況

| 海上環境関係法令違反の送致件数の推移 |

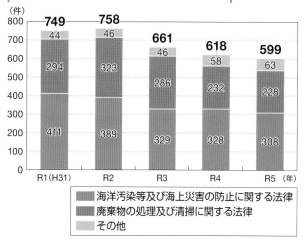

（件）

	R1(H31)	R2	R3	R4	R5（年）
計	**749**	**758**	**661**	**618**	**599**
その他	44	46	46	58	63
廃棄物の処理及び清掃に関する法律	294	323	286	232	228
海洋汚染等及び海上災害の防止に関する法律	411	389	329	328	308

■ 海洋汚染等及び海上災害の防止に関する法律
■ 廃棄物の処理及び清掃に関する法律
■ その他

外国船舶による海洋汚染への対応

外国船舶による海洋汚染については、**領海**のみならず、**排他的経済水域（EEZ）**においても取締りを行っています。令和5年は3隻を検挙しました。なお、**国連海洋法条約**に基づ

き、船舶の航行の利益を考慮し、**担保金制度**を適用しました。

また、我が国の法令を適用できない**公海**等において外国船舶の油等の排出を確認した場合には、当該船舶の旗国に排出事実を通報し、適切な措置を求めています。

会社ぐるみで事業所から汚水を排出

令和4年10月、茨城海上保安部は、茨城県那珂湊港内に「水質汚濁防止法」で定められた基準値を超える汚水を排出したとして、水産食料品製造業者に対して捜索差押えなどの強制捜査を行いました。

その後の捜査によって、同社の代表取締役を含む2名が共謀の上、汚水を過去5回にわたり不法に排出していたことを明らかにしました。

排水口から排出される汚水

4 青い海を守る

2 海洋環境調査

海洋汚染の調査

海上保安庁では、海洋汚染の防止及び海洋環境の保全並びに閉鎖性の高い港湾等において、海水や**海底堆積物**を採取し、油分、**PCB（ポリ塩化ビフェニル）**、重金属等の調査を継続的に行っています。

放射能調査

海洋環境モニタリングの一環として、核実験等による海洋環境への影響を把握するため、日本周辺海域において海水や**海底堆積物**を採取し、放射性核種の調査を継続的に行っています。

また、原子力規制庁が定める実施要領に基づき、原子力

海底堆積物の採取作業　　　　海水の分析作業

艦が寄港する横須賀港（神奈川県）、佐世保港（長崎県）、金武中城港（沖縄県）において、周辺住民の安全・安心を確保するため、定期的に海水や**海底堆積物**を採取・分析するとともに、原子力艦の入港前、寄港時、出港後の放射能調査を行っています。

3 海洋環境保全に関する指導・啓発

海洋汚染を防止し、海洋環境を保全するためには、海事・漁業関係者、マリンレジャー等を行う方々のみならず、広く国民の皆様と一緒に海洋環境保全活動に取り組んでいくことが重要です。

海上保安庁では、多くの方々に対して、海洋環境保全に関する指導・啓発活動を重点的に実施するため、毎年5月30日から6月30日までの期間を「海洋環境保全推進月間」と定め、「未来に残そう青い海」をスローガンとして、様々な取組を行っています。海事・漁業関係者やマリンレジャー等を行う方々を対象とした海洋環境保全講習会をはじめ、若年層を含む一般市民の方々を対象とした海洋環境保全教室や海浜清掃などのイベントを開催しています。また、同期間中には、環境省と日本財団の共同事業である

「海ごみゼロウィーク」一斉清掃も開催されますが、同事業にも海上保安庁は積極的に協力しています。

特に海浜清掃については、地方公共団体、教育機関及び公益財団法人海上保安協会等と連携しつつ、地域の方々のご理解とご協力を得た上で、全国の海岸等で実施しており、多くの方々に身近なごみが海洋汚染の現状に結びついていることを体感してもらうなど、海洋環境保全の意識高揚へとつなげるための啓発活動として重点的に行っています。

また、全国の小中学生を対象に、海への関心を寄せてもらい、海洋環境保全思想の普及を図ることを目的として、海上保安協会との共催で「未来に残そう青い海・海上保安庁図画コンクール」を開催しています。

4 海の再生プロジェクト

海洋環境の保全・再生のために東京湾、伊勢湾、大阪湾及び広島湾では「海の再生プロジェクト」が進められています。これらのプロジェクトでは、海上保安庁を含む国や地方公共団体、教育・研究機関、民間企業、市民団体等の関係機関が連携し、陸域からの汚濁負荷削減対策、海域の環境改善対策及び環境モニタリングを推進しています。

令和5年の主な海洋環境保全活動の実施状況

海洋環境保全講習会	101か所（3,064人）
訪 船 指 導	1,556隻
訪 問 指 導	660か所
海洋環境保全教室	300か所（9,250人）
漂着ごみ分類調査	228か所（45,322人）

訪船指導　　　　漂着ごみ分類調査　　　　地域における海浜清掃活動　　　　若年層に対する海洋環境保全教室

未来に残そう青い海・海上保安庁図画コンクールの開催

海上保安庁では、将来を担う小中学生の子どもたちに海洋環境について考える機会としてもらうことで海への関心を高め、海洋環境保全思想の普及とともに、海上保安業務への理解の促進を図ることを目的として、公益財団法人海上保安協会との共催で「未来に残そう青い海・海上保安庁図画コンクール」を開催しています。

今年は、全国の小中学生から16,700点の応募がありました。作品の傾向としては、海水浴や魚釣りなどをして海を楽しむ様子や海浜清掃を行っている様子など、海での体験を色鮮やかに描いているものが多数見受けられました。今回の応募作品も力作ばかりで、選考に大変苦慮しましたが、厳正なる審査及び選考の結果、特別賞(国土交通大臣賞)、海上保安庁長官賞等の受賞作品が決定しました。

この図画コンクールを通じて、我々の尊い財産であるこの豊かな海を後世に残せるよう、皆様と一緒に海洋環境の保全活動に取り組んでいきます。

特別賞(国土交通大臣賞)	海上保安庁長官賞		

(小学生低学年の部)	(小学生低学年の部)	(小学生高学年の部)	(中学生の部)

堀池　勇輝さん	比嘉　璃海さん	北角　一華さん	大串　雪花さん

今後の取組

海上保安庁では、引き続き、海洋環境調査により海洋汚染の現況を的確に把握するとともに、**海上環境関係法令**違反の厳正な監視・取締りを実施します。また、広く指導・啓発活動を推進するとともに、関係機関と情報共有体制を構築し、各機関と連携・協力して海洋環境保全につながる取組を推進していきます。

COLUMN 12

紙芝居から絵本に変身！
全国の環境啓発活動で大活躍

第五管区海上保安本部警備救難部環境防災課

うみがめがゴミを誤食した実話をもとに、子供たちが自然と環境問題を学ぶことを目的として平成12年に海上保安官が作成した紙芝居「うみがめマリンの大冒険」は、大海原に冒険に出たマリンが、ごみを誤食しておぼれてしまい、海上保安庁の巡視艇に救助されるお話で、令和元年にはマイクロプラスチック汚染の場面を追加して、完全リニューアルし、今でも海上保安官が全国各地のイベントで読み聞かせをするなどして親しまれています。

この紙芝居の魅力を失うことなく、さらに活用の場を広げるため、（公財）海上保安協会神戸地方本部と第五管区海上保安本部が協力し、子供たちが手に取っていつでも読む

ことができる絵本として新たに発行しました。

絵本「うみがめマリンの大冒険」は、管内の小学校、図書館、保育ルームや歯科医院などに配布したほか、全国各地の海上保安部署から各所へも寄贈が進められ、さらに省エネ化されたフェリーのキッズコーナーなど、より海を身近に感じられるところにも絵本を常設しています。

今後も、子供たちが海洋環境の大切さをより身近に感じられるよう、こうした取組を続けていきます。

「うみがめマリンの大冒険」に興味があるかたは、二次元バーコードからお楽しみいただけます。

株式会社商船三井さんふらわあ
マリンガールが紹介する絵本

姫路ヤクルト販売株式会社
保育ルームでの絵本の読み聞かせ

うみがめマリンの大冒険の絵本

5 災害に備える

　海上での災害には、船舶の火災、衝突、乗揚げ、転覆、沈没等に加え、それに伴う油や有害液体物質の排出といった事故災害と、地震、津波、台風、火山噴火等により被害が発生する自然災害があります。

　海上保安庁では、このような災害が発生した場合に、迅速かつ的確な対応ができるよう、資機材の整備や訓練等を通じて万全の準備を整えているほか、事故災害の未然防止のための取組や自然災害に関する情報の整備・提供等も実施しています。

CHAPTER Ⅰ　　事故災害対策

CHAPTER Ⅱ　　自然災害対策

5 災害に備える

CHAPTER	I	事故災害対策

ひとたび船舶の火災、衝突、沈没等の事故が発生すると、人命、財産が脅かされるだけでなく、事故に伴って油や有害液体物質が海に排出されることにより、自然環境や付近住民の生活にも甚大な悪影響を及ぼします。

海上保安庁では、事故災害の未然防止に取り組むとともに、災害が発生した場合には関係機関とも連携して、迅速に対処し、被害が最小限になるよう取り組んでいます。

令和5年の現況

1　事故災害への対応

船舶火災

令和5年に発生した船舶火災隻数は49隻であり、船舶の種類別で見ると、漁船が28隻で最も多く、全体の約6割を占めています。

このような船舶火災に対して、海上保安庁では、消防機能を有する巡視船艇等による消火活動を実施しています。

油等排出事故

令和5年における油による海洋汚染発生件数は259件で、前年と比べて40件減少しました。

海上における油等の排出事故では、原因者による防除が原則となっているため、海上保安庁では、原因者に対する指導・助言を行っています。

一方、油等の排出が大規模である場合や、原因者の対応が不十分な場合には、関係機関と協力の上、海上防災のスペシャリストである**機動防除隊**等の派遣や巡視船艇の投入等、海上保安庁自らが防除を行っています。

令和5年は、海上保安庁において、109件の油排出事故に対応しました。

| 船舶火災隻数の推移 |

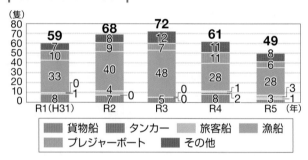

| 海上保安庁が防除措置を講じた油排出事故件数 |

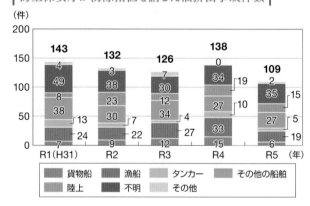

火災船への放水状況　　　　　　　　　　港湾施設からの油流出状況

1 生命を救う
2 治安の確保
3 領海・EEZを守る
4 青い海を守る
5 災害に備える
6 海を知る
7 海上交通の安全を守る
8 海をつなぐ

事故災害対処のための体制強化

1 油排出事故等への備え

海上保安庁では、事故災害に対して、より迅速かつ的確な対応を行うための体制の整備を続けており、現場対応にあたる海上保安官に対して、海上火災や油等の排出事故への対応等に備えた研修・訓練を実施しています。

また、「油等汚染事件への準備及び対応のための国家的な緊急時計画」に基づく関係省庁連絡会議の枠組みにおいて、情報共有等を図っているほか、油等の排出事故などに備えた図上訓練を実施し、対応体制を確認するなど、関係省庁間の連携強化を図っています。

また、海上に排出された油等の防除等を的確に行うためには、排出された油等がどのように流れるかを予測することが重要です。

海上保安庁では、油等の排出事故に備えるため、測量船等で観測した海象（海流、水温等）の情報を基に油等が漂流する方向、速度等を予測する**漂流予測**に取り組んでいます。

さらに、**自律型海洋観測装置（AOV）**、イリジウム漂流ブイ及び海洋短波レーダーにより日本周辺の海流の情報等をリアルタイムに収集することで、**漂流予測**の精度向上に努めています。

このほか、全国の沿岸域の地理・社会・自然・防災情報等を沿岸海域環境保全情報としてとりまとめ、「**海洋状況表示システム（海しる）**」のテーマ別マップ「油防除（CeisNet）」として、インターネット上で公開しています。

- 大規模流出油関連情報
  https://www1.kaiho.mlit.go.jp/JODC/ceisnet/
- 海洋状況表示システム（海しる）
  https://www.msil.go.jp/

---

2 国内連携

事故災害を防止し、また、被害を最小限に食い止めるためには、事業者をはじめとする関係者に対し、事故防止の意識を高めてもらうことや、地方公共団体等の関係機関との連携が重要です。

海上保安庁では、タンカー等の危険物積載船の乗組員や危険物荷役業者等を対象とした訪船指導をはじめ、運航管理者等に対する事故対応訓練や、大型タンカーバースの点検等を実施しています。

また、地方公共団体、漁業協同組合、港湾関係者等で構成するなど協議会を全国各地に設置し、合同訓練や講習会などを通じて、事故災害発生時に迅速かつ的確な対応ができるよう、連携強化に努めています。

3 国際連携

油等による海洋環境汚染は、国境を越え、甚大な影響や被害を及ぼし得る可能性もあることから、各国と連携した対応が重要です。このため、海上保安庁では、各国関係機関との合同訓練や**国際海事機関（IMO）**の関係委員会へ参加するなど、国際的な取組に貢献するとともに、研修・訓練などを通じて、これまで培ってきた海上災害への対応

関係機関等との油防除訓練　　　　　　　　大型タンカーバース点検

に関するノウハウを各国関係機関に伝えることで、海上防災体制の構築を支援しています。

令和5年2月には、フィリピンミンドロ島沖において転覆・沈没したタンカーからの油流出事故が発生し、国際緊急援助隊として、海上保安庁から**機動防除隊**等5名が対応にあたりました。現地では、フィリピン沿岸警備隊や現地自治体に対し、油防除に係る資機材の適切な使用方法の説明など、9日間にわたる支援活動を実施しました。

令和5年7月には、MARPOLEX2024（日本、インドネシア、フィリピン三国合同油防除訓練）に向けた準備会合をインドネシア・バリにて開催し、訓練計画を策定しました。

また、令和5年9月25日から約40日間、独立行政法人国際協力機構（JICA）の枠組の下、12か国（（ジブチ、ジャマイカ、モルディブ、マーシャル、モンゴル、モザンビーク、フィリピン、サモア、ベトナム、インドネシア、マレーシア、モーリシャス）の海上保安機関職員17名に対し、油防除対応者向けの研修を実施しました。なお、この研修は**IMO**のモデルコース＊に準拠した内容を更に充実させたものとなります。

＊ IMOの各加盟国が国際条約やIMOの勧告等の技術的要件を満たすために必要な教育訓練を実施するにあたり、モデルとなるコースプラン、教材、詳細な計画書等の訓練カリキュラムを示したもの。

機動防除隊フィリピン派遣　　　　　　　　　MARPOLEX2024準備会合

今後の取組

海上保安庁では、引き続き、巡視船艇・航空機等や防災資機材の整備、現場職員の研修・訓練を通じ、事故災害への対処能力強化を推進するとともに、関係者への適切な指導・助言、国内外の関係機関との連携強化を通じて、事故災害の未然防止や事故災害発生時の迅速かつ的確な対応に努めます。

また、新たな課題として、脱炭素社会の実現に資する水素・アンモニア運搬船等に関連した事故災害が懸念されていることから、必要な検討を進め、海上防災体制の構築に努めていきます。

近い将来に発生が懸念されている南海トラフ巨大地震、日本海溝・千島海溝周辺海溝型地震や首都直下地震に加え、近年、激甚化、頻発化し、深刻な被害をもたらす集中豪雨や台風など、自然災害への対策は重要性を増しています。

海上保安庁では、こうした自然災害が発生した場合には、人命・財産を保護するため、海・陸の隔てなく、機動力を活かした災害応急活動を実施するとともに、自然災害に備えた灯台等の航路標識の強靱化や防災情報の整備・提供、医療関係者等の地域の方々や関係機関との連携強化にも努めています。

海上保安庁における自然災害への対応

近年、集中豪雨や台風等による深刻な被害をもたらす自然災害が頻発しています。

海上保安庁では、自然災害が発生した場合には、組織力・機動力を活かして、海・陸の隔てなく、巡視船艇や航空機、**特殊救難隊**、**機動救難士**、**機動防除隊**等を出動させ、被害状況調査を行うとともに、被災者の救出や行方不明者の捜索を実施しています。

また、地域の被害状況やニーズに応じて、SNS等での情報発信を行いつつ、電気、通信等のライフライン確保のため協定に基づき電力会社等の人員及び資機材を搬送するとともに、地方公共団体からの要請に基づく給水や入浴支援に加え、支援物資の輸送等の被災者支援を実施しています。

| 海上保安庁における自然災害への対応 |

令和6年能登半島地震
（令和6年1月 石川県等）
■対応状況
- 救急患者等搬送
- 人員搬送（関係機関職員等）
- 孤立情報に伴う安全確認
- 支援物資輸送
- 巡視船艇による給水支援
- 測量船等による港内調査
- 被害状況の調査

令和4年8月の大雨
（令和4年8月 福井県等）
■対応状況
- 孤立情報に伴う安全確認
- 孤立者吊上げ救助
- 被害状況の調査

令和5年7月の大雨
（令和5年7月 秋田県）
■対応状況
- 巡視船による給水支援
- 被害状況の調査

令和4年3月の福島県沖を震源とする地震
（令和4年3月 福島県）
■対応状況
- 巡視船による給水支援
（ドライブスルー方式）
- 被害状況の調査

令和4年台風14号
（令和4年9月 香川県等）
■対応状況
- 救急患者等搬送
- 人員搬送（停電復旧）
- 被害状況の調査

令和4年桜島噴火
（令和4年7月 鹿児島県）
■対応状況
- 住民避難準備
- 被害状況の調査

令和3年7・8月の前線に伴う大雨等
（令和3年7月・8月 静岡県等）
■対応状況
- 行方不明者捜索
- 人員搬送（停電復旧）
- 支援物資輸送
- 被害状況の調査

5 災害に備える

令和5年の現況

1 自然災害への対応

令和5年度も地震や台風、大雨等の自然災害が発生し、各地に被害がもたらされました。海上保安庁では、長年の海難救助等で培った経験・技能や巡視船艇・航空機等の機動力を活用し、これらの自然災害に対応しました。また、航行船舶や海域利用者に対する情報提供等を行ったほか、自治体に職員を派遣して最新の被害状況等の情報収集を実施し、各地域のニーズに応じた支援を実施しました。

や強風被害をもたらしました。海上保安庁においては、台風の接近、上陸に際し、人命救助を最優先として、巡視船艇・航空機等を配備させ、即応体制を確保しつつ、被害状況の調査を実施するとともに、関係する自治体に職員を派遣し、関係機関と緊密に連携・協力しながら、航空機を用いて傷病者や停電復旧に必要な電力会社作業員・資機材の搬送を実施するなどの対応を行いました。

大雨への対応

令和5年6月末から7月にかけては、九州地方から東北地方にかけて活動の活発な梅雨前線の影響により、全国の広い範囲で大雨となり、また局地的にも線状降水帯が発生するなどして、各地で被害が発生しました。

海上保安庁では巡視船艇・航空機による被害状況の調査や行方不明者の捜索を実施したほか、秋田県男鹿市においては、記録的な大雨の影響による土砂崩れから断水が発生し、県からの要請に基づき巡視船による給水支援を実施しました。

地震への対応

令和6年1月1日、石川県能登地方を震源とするマグニチュード7.6の地震が発生し、最大震度7を観測するとともに、各地で地震による津波も観測されました。この影響により、多くの家屋の倒壊や孤立集落の発生など、甚大な被害が発生しました。海上保安庁では、発災後直ちに巡視船艇・航空機等を発動させ、被害状況の調査や行方不明者の捜索を実施するとともに、**航行警報**等を発出し、付近航行船舶等への情報提供を行いました。また、石川県等からの要請に基づき、巡視船艇・航空機等による救急患者等の搬送、支援物資の輸送や給水支援を行うとともに、測量船等による港内調査を速やかに実施し、海上輸送ルートの確保に貢献しました。

台風への対応

令和5年8月には、相次ぐ台風の接近が全国的に大雨

巡視船による給水支援（秋田県男鹿市）　　航空機による傷病者搬送（沖縄県渡嘉敷村）

巡視船による関係機関職員の搬送（石川県能登町）　　航空機による支援物資の輸送（石川県輪島市）

COLUMN 13 記録的大雨被害により秋田県内が断水！巡視船により給水支援！！

第二管区海上保安本部秋田海上保安部

　第二管区海上保安本部は、7月14日からの記録的な大雨による災害の発生に備え、八戸海上保安部所属巡視船「しもきた」を日本海側に配備させていたところ、断水被害が発生した秋田県からの要請に基づき、最も被害が集中し、病院施設など迅速な給水支援が必要な秋田県男鹿市へ巡視船「しもきた」を派遣し、秋田能代港を拠点に給水支援活動を行いました。

　給水支援活動については、報道機関、自治体やX（旧twitter）の海上保安庁公式アカウント等を通じて情報提供を行った結果、7月16日から20日までの5日間で、男鹿市を中心に近隣地域で給水支援活動を行う自衛隊・自治体の給水車両延べ100台及び付近住民延べ196組に対し、合計約198トンの給水支援を行いました。

　給水支援活動中には、地域の皆様から職員に対して感謝の言葉をいただくとともに、家族と一緒に来ていた小学生の女の子からは、

「毎日、お水を使うので、とても助かります。お水がなくてこまっていました」
「遠い青森からわざわざきてくれてありがとうございました」
「助けてもらったことは、忘れません」
とお礼の手紙をいただき、手紙を読んだ職員一同は、胸が熱くなるとともに「明日も頑張ろう！」と逆に励まされました。

　今後も、激甚化・頻発化する自然災害が発生した際には自治体や関係機関と連携を密にし、地域の安心・安全の実現のために取り組んでいきます。

| 対応した職員の声 | 秋田海上保安部 巡視船でわ 通信士補　石井 遥 |

　断水が発生した男鹿市での給水支援に従事し、微力ながらお役に立てたことで仕事のやりがいを実感しました。給水を受けた女の子からいただいた私達への手紙は、毎日の業務や訓練に取り組むうえで強い心の支えとなっています。

5 災害に備える

COLUMN 14

令和6年能登半島地震への対応
〜全国の巡視船艇による給水支援を実施！！〜

第九管区海上保安本部

令和6年1月1日に発生した、令和6年能登半島地震では第九管区海上保安本部の管轄である石川県、富山県、新潟県の広い範囲で建物倒壊や断水、火災といった甚大な被害をもたらしました。

第九管区海上保安本部では発災後、ただちに巡視船艇・航空機等を発動し、人命救助を最優先に被害状況の調査や支援物資の搬送などを実施したほか、石川県からの要請を受け、発災翌々日の1月3日から七尾港（石川県七尾市）や輪島港（石川県輪島市）において給水支援を実施しました。

給水支援活動は、当管区の巡視船艇のみならず、全国から派遣された巡視船により、1月3日から3月1日までの間、毎日実施し、被災地域で給水支援活動を行う自衛隊・地方公共団体等の給水車両延べ2,937台に対し、合計7,888.5トンの給水支援を行い、被災された方々の入浴支援等に活用されました。

今後も、関係機関や地方公共団体と連携を図りながら、地域のニーズに応えていきます。

対応した職員の声

新潟海上保安部 巡視船さど 機関士補　**中島 孝太**（出身地: 石川県鳳珠郡穴水町）

実家が被災し、両親と連絡が取れない中で始まった給水支援。両親から「10日ぶりのお風呂は幸せ」と嬉しそうに連絡が来たときは、きっと多くの人がこんな気持ちになったんだと思い、微力ながらお役に立てたことにやりがいを感じると共に、災害派遣の一員として活動できたことを誇りに思います。

金沢海上保安部 巡視船のと 航海士補　**新出 貴大**（出身地: 石川県珠洲市）

私が乗船する巡視船のとでは、輪島港・七尾港において給水車への給水支援や関係機関職員の搬送業務を行いました。ニュース等で関係機関職員の活躍や地元住民への給水の様子を見たときには、被災地域の役に立っていると改めて実感できました。

2 東日本大震災からの復旧・復興に向けた取組

　海上保安庁では、引き続き第二管区海上保安本部を中心に、東日本大震災からの復旧・復興に向けた取組を実施しています。

　令和5年においても、地方公共団体の要望に応じ、**潜水士**による潜水捜索や警察、消防との合同捜索を実施しています。

自然災害に備える体制の強化

1 海上交通の防災対策

　海上保安庁では、近年、激甚化、頻発化する自然災害においても、海上交通の安全確保を図るため、国土強靱化基本計画に基づき、「**走錨**事故等防止対策」、「レーダーの耐風速対策」、「航路標識の耐災害性強化対策」及び「航路標識の老朽化等対策」に取り組み、灯台をはじめとする航路標識関係施設の強靱化を推進しています。

　また、船舶交通がふくそうする東京湾、伊勢湾、大阪湾を含む瀬戸内海では、湾外避難などの勧告・命令制度や、同制度に基づく措置を円滑に行うための官民の協議会を設置するなどして、**走錨**に起因する事故の防止に取り組んでいます。

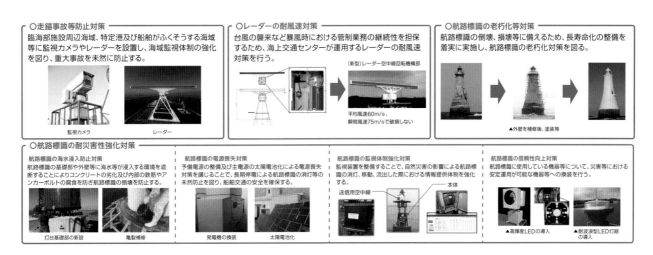

○走錨事故等防止対策
臨海部施設周辺海域、特定港及び船舶がふくそうする海域等に監視カメラやレーダーを設置し、海域監視体制の強化を図り、重大事故を未然に防止する。
監視カメラ　　レーダー

○レーダーの耐風速対策
台風の襲来など暴風時における管制業務の継続性を担保するため、海上交通センターが運用するレーダーの耐風速対策を行う。
（新型）レーダー空中線回転機構部
平均風速60m/s、瞬間風速75m/sで破損しない

○航路標識の老朽化等対策
航路標識の倒壊、損傷等に備えるため、長寿命化の整備を着実に実施し、航路標識の老朽化対策を図る。
▲外壁を補修後、塗装等

○航路標識の耐災害性強化対策

航路標識の海水浸入防止対策
航路標識の基礎部や外壁等に海水が浸入する環境を遮断することによりコンクリートの劣化及び内部の鉄筋やアンカーボルトの腐食を防ぎ航路標識の倒壊を防止する。
灯台基礎部の新設　　亀裂補修

航路標識の電源喪失対策
予備電源の整備及び主電源の太陽電池化による電源喪失対策を講じることで、長期停電による航路標識の消灯等の未然防止を図り、船舶交通の安全を確保する。
発電機の換装　　太陽電池化

航路標識の監視体制強化対策
監視装置を整備することで、自然災害の影響による航路標識の消灯、移動、流出した際における情報提供体制を強化する。
送信用空中線　　本体

航路標識の信頼性向上対策
航路標識に使用している機器等について、災害等における安定運用が可能な機器等への換装を行う。
▲高輝度LEDの導入　　▲耐波型LED灯器の導入

2 防災情報の整備・提供

　海上保安庁では、災害発生時の船舶の安全や避難計画の策定等の防災対策に活用していただくため、防災に関する情報の整備・提供も行っています。西之島をはじめとする南方諸島や南西諸島等の火山島や海底火山については海底地形調査、火山の活動状況の監視を実施し、付近を航行する船舶の安全に支障を及ぼすような状況がある場合には、**航行警報**等により航行船舶への注意喚起等を行っています。

　そのほかにも、船舶の津波避難計画の策定等に役立つように、大規模地震による津波被害が想定される港湾及び沿岸海域を対象に、予測される津波の到達時間や波高、流向・流速等を記載した「津波防災情報図」を「**海しる**」のテーマ別マップ等で、インターネットにて公開しています。

　また、「**海の安全情報**」において、自然災害に伴う港内における避難勧告、航行の制限等の緊急情報のほか、気象現況等を提供しています。

3 海底地殻変動の観測

　日本周辺の海溝では日本列島がある陸側プレートの下に海側のプレートが沈み込んでいます。海側プレートの沈み込みに伴う陸側プレートの変形によって蓄積されたひずみが、プレート境界面上のすべりとして急激に解放されることで、海溝型地震が発生すると考えられています。海上保安庁では、GNSS*測位と水中音響測距技術を組み合わ

せたGNSS-A海底地殻変動観測を平成12年度から行っています。この観測では、将来の海溝型地震の発生が予想される南海トラフや、東北地方太平洋沖地震後の挙動が注目される日本海溝沿いの海底に観測機器を設置し、測量船を用いてプレートの変形に伴う海底の動き（地殻変動）を調べています。

5 災害に備える

観測によって得られる、地震発生前のひずみの蓄積過程や地震時のひずみの解放等に伴う海底地殻変動データは、陸上のGNSS観測では知り得ない貴重な情報を有しており、海溝型地震の発生メカニズムの解明において非常に重要な役割を果たしています。海上保安庁は、地震調査研究推進本部や気象庁の南海トラフ沿いの地震に関する評価検討会に参加し観測結果を報告することで、地震・地殻活動の評価に貢献しています。

* GPS等の人工衛星から発射される信号を用いて地球上の位置等を測定する衛星測位システムの総称

| GNSS-A海底地殻変動観測の原理図 |

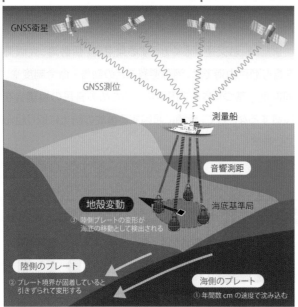

| 南海トラフの固着状況 |

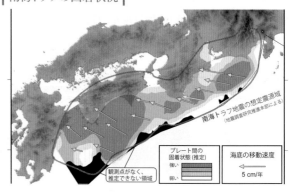

4 関係機関との連携・訓練

自然災害に対して、迅速かつ的確に対応するためには、地方公共団体や関係機関との連携が重要です。

海上保安庁では全国各地の海上保安部署に配置される地域防災対策官を中心に、平素から地方公共団体や関係機関等と顔の見える関係を築き、情報共有や協力体制の整備を図るとともに、非常時における円滑な通信体制の確保や迅速な対応勢力の投入等、連携強化を図ることを目的に合同訓練を実施しています。

令和5年度は、268回、関係機関等との合同訓練をしました。

また、主要な港では、関係機関による「船舶津波対策協議会」を設置し、海上保安庁が収集・整理した津波防災に関するデータを活用しながら、港内の船舶津波対策を検討しています。

今後の取組

激甚化・頻発化する自然災害への対応をより一層強化していくため、海上保安庁では、巡視船艇・航空機等の必要な体制の整備をはじめ、各種訓練の実施、地方公共団体や関係機関との連携強化、防災情報の的確な提供、航路標識の強靱化、**走錨**に起因する事故の未然防止など、引き続き各種取組を推進していきます。

6 海を知る

　我が国は、四方を海に囲まれた海洋国家であり、我々はその広大な海を活動の場としてきました。

　海は豊かな恵みをもたらすとともに、日本と世界をつなぐ道でもあり、我々の営みを支える極めて重要な存在です。

　海洋権益の確保や海上交通の安全、海洋環境の保全や防災に加えて、近年、大きな期待が寄せられている新たな海洋資源開発の実用化のためにも、海洋に関する詳細な調査を実施し、得られた情報を適切に管理・提供していくことが不可欠です。

　海上保安庁は、引き続き、広域かつ詳細な海洋調査を計画的に実施し、情報を適切に管理・提供することによって、海洋権益の確保や海上の安全を図る役目を担っていきます。

CHAPTER **I**　　海洋調査

CHAPTER **II**　　海洋情報の提供

| CHAPTER | I | 海洋調査 |

　海上保安庁では、海洋権益の確保、海上交通の安全、海洋環境の保全や防災といった様々な目的のために海洋調査を実施しています。特に近年では、我が国の管轄海域や新たな海洋資源の開発・利用等への関心が高まるなか、海洋権益確保の基礎となる海洋調査も重要となっています。

令和5年の現況

1　海洋権益の確保のために

　日本周辺海域において、測量船に搭載されたマルチビーム測深機や**自律型潜水調査機器（AUV）**等による海底地形調査、地殻構造調査や底質調査等の調査を重点的に推進するとともに、**自律型海洋観測装置（AOV）**や**航空**

レーザー測深機により、**領海**や**排他的経済水域（EEZ）**の外縁の根拠となる**低潮線**の調査を実施しています（詳しくは106、107ページ）。

2　海上交通の安全のために

　船舶の安全な航行を確保するためには、最新の情報が掲載された**海図**や海の流れ・潮の満ち引きといった海洋情報が必要です。

　海上保安庁では、測量船や航空機等により海底地形の調査等を行い、**海図**を最新の情報に更新するとともに、測量船や海洋短波レーダー、**AOV**、験潮所等により海潮流や潮位の情報を収集し、インターネットにより情報提供することによって、海上交通の安全に貢献しています。

AOV投入作業の様子

3　様々な目的のために

　海洋調査は、海洋権益の確保や海上交通の安全のほか、海洋環境の保全や防災のためにも実施されています。

　海上保安庁では、海洋環境を把握するため、海水や**海底堆積物**を採取し、汚染物質や放射性物質の調査を継続的に行っています（詳しくは112ページ）。

　また、海底地殻変動観測（詳しくは123、124ページ）、海域火山の活動監視観測等を実施し、大規模地震発生のメカニズム解明や海域火山の活動状況の把握に役立てています。

　その他、様々な目的に用いるため、詳細な海底地形図を作成しています。

　さらに、世界の海底地形名を標準化するための国際会議（**海底地形名小委員会**）に海底地形名を提案しています。

航空機による海域火山観測の様子

COLUMN 15

ゴジラが海底に！？

海洋情報部技術・国際課

2023年、**海底地形名小委員会**(SCUFN)において、特徴的な海底地形に「頭（ヘッド）」、「腕（アーム）」、「尾（テール）」、「脚（レッグ）」等、ゴジラの身体の名称を付与した日本の提案が承認されました。

近年は調査機器の能力向上により、広く面的に海底地形データを取得、分析し、より詳細に海底の地形を知ることができるようになってきました。こうして明らかになった海底地形の名称を、国際的に標準化する学術的な委員会が**海底地形名小委員会**(SCUFN)です。

東京の南方約2000km、フィリピン海プレート上の海底に、ゴジラメガムリオン地形区があります。ゴジラメガムリオンは、縦約125km、幅約55km、これは東京都の面積の約3倍にも及びます。その巨大さから、世界的に有名な東宝の映画の主要なキャラクターである巨大怪獣「ゴジラ」に因んで、ゴジラメガムリオンと研究者の間で名付けられ、その中の特徴的な海底地形に、ゴジラの身体の部位の名称が付与されました。今回承認された海底地形名は、今後、地図、**海図**や学術論文などで使われることになります。

ゴジラメガムリオンは海洋科学において非常に重要な研究対象です。日本を中心とする国際的研究グループによる調査の結果、フィリピン海プレートの組成・構造に関する重要な研究成果が得られているなど、地球内部構造等の解明に極めて重要であると考えられています。

海上保安庁では、引き続き海洋調査によって判明した海底地形に適切に名称を付与し、SCUFNへの登録を通して国際的な普及に努めていきます。

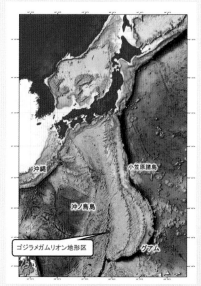

ゴジラメガムリオン地形区の位置

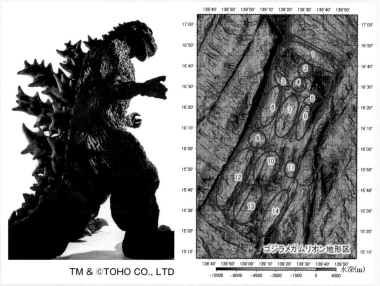

TM & ©TOHO CO., LTD

ゴジラメガムリオン地形区

1.ハット海嶺 (Hat Ridge)　2.ヘッド峰 (Head Peak)　3.西ショルダー海嶺 (West Shoulder Ridge)
4.ネック峰 (Neck Peak)　5.東ショルダー海嶺 (East Shoulder Ridge)　6.西アーム海膨 (West Arm Rise)
7.バックボーン海膨 (Backbone Rise)　8.東アーム海膨 (East Arm Rise)　9.西ヒップボーン海膨 (West Hipbone Rise)
10.北テール海膨 (North Tail Rise)　11.東ヒップボーン海膨 (East Hipbone Rise)
12.西レッグ海嶺 (West Leg Ridge)　13.南テール海膨 (South Tail Rise)　14.東レッグ海嶺 (East Leg Ridge)

6 海を知る

噴火から10年、今も活動を続ける「西之島」

西之島は、東京都の南方約930km、小笠原諸島の西方約130kmに位置しており、昭和48年から49年にかけて噴火し、新島を形成しました。その後長らく活動を停止していましたが、平成25年11月20日に付近海域において突如活動を開始しました。活発に噴火する西之島は、大量の噴煙と溶岩を噴出しながら成長を続け、それまであった島をすべて覆いつくし、平成30年には、噴火前の島の約12倍の大きさになりました。

海上保安庁では航空機で火山活動の監視を続けるとともに、火山活動が一旦穏やかになった平成27年から28年にかけて測量船や航空機により、**海図**を最新とするための海底地形調査を行いました。平成28年10月には海底地形調査に伴う作業のため、当庁として噴火後初めて西之島に上陸しています。その後、平成29年6月30日にこの調査結果を反映した**海図**を刊行しましたが、同年4月から再開した噴火により西之島がさらに拡大したことから、平成30年7月に再度航空機による海底地形調査を実施し、令和元年5月に**海図**を改版しました。**海図**は**領海**や**排他的経済水域（EEZ）**の範囲を示す根拠となるもので、これらの**海図**の刊行により**領海**と**EEZ**を合わせた面積が平成25年の噴火以前と比較して約100km²拡大することとなりました。

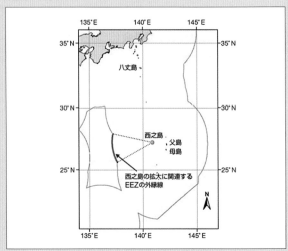
西之島拡大に関連するEEZの外縁線をイメージした図

西之島は、令和元年以降も噴煙や溶岩を噴出する噴火と休止を繰り返し、活動を継続しています。活動開始から約10年となる令和5年10月にも、火山灰を含む噴煙を高度約1,500mまで上げる小規模な噴火を確認しており、海上保安庁では**航行警報**等により付近航行船舶に対して注意を呼びかけています。

海上保安庁では航行船舶の安全や海洋権益の確保のため、今後も航空機等による定期的な観測を継続し、西之島の火山活動の推移を注視していきます。

西之島南南東約500mの海面から噴火（平成25年11月）

旧島を覆いつくす西之島（平成26年8月）

西之島上陸調査の様子（平成28年10月）

灰色の噴煙を上げる西之島（令和5年10月）

南極地域観測に貢献する海上保安官

南極地域観測は、関係各省庁が連携して研究観測や昭和基地の維持運営などを分担して進めている国家事業です。海上保安庁は、初代南極観測船「宗谷」による最初期の南極地域観測から参加しており、近年は、南極地域における船舶の航行安全の確保、地球科学の基盤情報の収集などを目的とした海底地形調査や潮汐観測を担当し、南極地域観測事業の一翼を担っています。

国際水路機関南極地域水路委員会の取組として、各加盟国が南極地域の**海図**を分担して刊行しており、日本（海上保安庁）は昭和基地周辺の**海図**を刊行しています。南極観測船「しらせ」に装備されたマルチビーム音響測深機によって取得した精密な海底地形データにより、南極地域における**海図**の整備を進めています。潮汐観測は、昭和46年から昭和基地のある東オングル島の西側の小さな湾、西の浦で行っ

ており、現在も常時観測を続けています。潮汐データは、測量や**海図**の作成に使用されるほか、世界各地の潮汐データと組み合わせることで地球全体の海面の長期的な変動の監視等、地球科学の基礎的な資料としても活用されます。験潮のための建屋は、南極観測ごく初期からの施設でしたが、老朽化や破損が進んだため、令和5年度、新たな建屋を設置しました。

南極地域観測に従事する海上保安官は、南極地域観測隊の夏隊員として、毎年11月に日本を発ち、12月中に昭和基地に到着、観測等の基地での活動を行い、翌年2月頃昭和基地を離れ、春頃日本に帰国します。現在の厳しい状況においても、これまでの南極地域観測隊員が積み重ねてきた活動を未来につなげるため、海上保安庁で培った海洋調査のノウハウを生かし、南極地域観測に貢献しています。

海底地形調査

新設した昭和基地・西の浦験潮所

投下式塩分・水温・深度観測

潮汐観測を実施する様子

| 対応した職員の声 | 海洋情報部沿岸調査課 沿岸調査官付 石川 美風香 |

南極地域観測隊の一員として約4か月間、南極観測船「しらせ」乗船中は海底地形調査を、昭和基地では潮汐観測を担当してきました。あっという間に過ぎていく日々の中で、南極の厳しい自然は観測を阻み、何度も頭を悩まされましたが、そんな中見ることのできる美しい景色は心の癒しでした。困難な状況の中で得られた観測データが、今後も活用される貴重なデータの一つとなることはやりがいを感じます。

今後の取組

海洋権益確保のために、引き続き、**領海**や**EEZ**等における海底地形調査や地殻構造調査、**低潮線**調査等の調査を実施していきます。

また、水深や海潮流等の最新の観測結果を**海図**等へ反映

させることにより、より一層海上交通の安全確保に努めます。

さらに、海潮流、潮汐の観測や海洋汚染調査、海底地殻変動観測、海域火山の監視観測など、様々な目的に合わせた海洋調査を実施することで、海洋情報の収集に努めます。

CHAPTER Ⅱ　海洋情報の提供

　海洋は、海運や水産業、資源開発、マリンレジャー等、様々な目的で利用されており、それぞれの目的によって必要となる情報が異なります。海上保安庁では、海洋調査により得られた多くの海洋情報を基に、それぞれの目的に合わせ、ユーザーが利用しやすい形での情報提供に努めています。

令和5年の現況

1　海上交通の安全のために

　海上保安庁では、船舶の安全航行に不可欠な**海図**や電子**海図**情報表示装置（**ECDIS**）で利用できる**航海用電子海図（ENC）**等の作製・刊行を行っています。

　令和5年には、海洋調査により得られた最新情報を基に、**海図**（改版21図）、水路書誌（新刊1冊、改版6冊）等を刊行しました。

水路図誌等の種類と刊行版数（令和5年末現在）

種　類			内　容	刊行版数
海図	航海用海図	紙　海　図	沿岸の地形や水深、浅瀬、灯台の位置や海潮流の情報等を記載した図	756(139)
		電　子　海　図	国際的な規則に従って紙海図と同等の情報を電子的に表示できるようにしたデータ	798
	海図の基本図	大陸棚の海の基本図	海底地形図、海底地質構造図、地磁気異常図、重力異常図	46
		沿岸の海の基本図	海底地形図、海底地質構造図	412
		その他の海の基本図	大洋の海の基本図、海底地形図	7
	特　　殊　　図		潮流図、位置記入用図、大圏航法図、世界総図、太平洋全図、MARINERS' ROUTEING GUIDE、ろかい船等灯火表示海域一覧図、日本近海演習区域一覧図、海図図式	55(3)
水路書誌	水　　路　　誌		沿岸、港湾、気象、海象等の状況を地域別に収録した冊子	10(5)
	特　殊　書　誌		航路誌、距離表、灯台表、潮汐表、水路図誌目録、水路図誌使用の手引	10(1)
航　　空　　図			飛行場、航空路、標識等を示した航空用の図	12

※（　）内は英語版の内数

2　海洋情報の利活用活性化のために

　海洋情報は、船舶の航行の安全や、資源開発、マリンレジャー等の様々な目的で利用されています。

　このため、ユーザーが目的に応じて、利用しやすいように海洋情報を提供することが非常に重要となっています。

　海上保安庁は、**日本海洋データセンター（JODC）**として、長年にわたり海上保安庁が独自に収集した情報だけでなく、国内外の海洋調査機関によって得られた海洋情報を一元的に収集・管理し、インターネット等を通じて国内外の利用者に提供しています。

日本海洋データセンター（JODC）

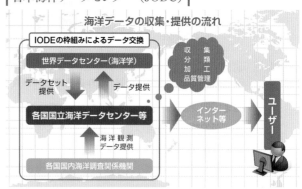

海洋情報クリアリングハウス

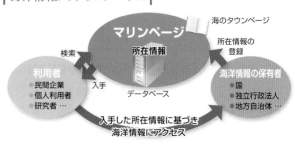

日本海洋データセンター（JODC）
海洋情報クリアリングハウス
https://www.mich.go.jp/

「海洋状況表示システム（海しる）」
https://www.msil.go.jp/

また、海洋基本計画に基づき、各機関に分散する海洋情報の一元化を促進するため、国の関係機関等が保有する様々な海洋情報の所在について、一元的に検索できる「**海洋情報クリアリングハウス（マリンページ）**」を平成22年3月より運用しています。

さらに、国や地方公共団体等が海洋調査で取得した情報をはじめ、海洋の利用状況を把握するうえで必要となる様々な情報を、地図上で重ね合わせて閲覧できるウェブサービス「**海洋台帳**」を運用し、海洋再生可能エネルギーへの期待が高まるなか、洋上風力発電施設の適地選定等に役立てられてきました。

平成28年には、総合海洋政策本部にて決定された、「我が国の**海洋状況把握**の能力強化に向けた取組」において、海洋における様々な人為的または自然の脅威への対応と海洋の開発及び利用促進のため、関係府省・機関と連携して、海洋観測を強化するとともに、衛星情報を含め広範な海洋情報を集約・共有する「**海洋状況表示システム**（以下「**海しる**」）」を新たに整備することとされました。

「**海しる**」は、海上保安庁が整備・運用を行ってきた海洋台帳等をシステムの基盤として活用し、この基盤に関係府省・機関が収集した様々な情報を追加し、広域性・リアルタイム性の向上を図るなど、利便性を高めたシステムです。海上保安庁では、内閣府総合海洋政策推進事務局の主導・支援のもと、「**海しる**」を整備し、平成31年4月に運用を開始しました。

今後の取組

引き続き、海洋調査によって得られた最新情報を基にして、**海図**等の水路図誌を刊行していきます。

また、**JODC**をはじめ、**海洋情報クリアリングハウス（マリンページ）**、**海しる**の管理・運用を適切に行うとともに、政府機関や関係団体等との連携を一層強め、掲載情報の充実や機能の拡充に努めます。これらの取組を通じて、目的に合わせて利用しやすい海洋情報の提供を推進していきます。

海のデータ利用のすそ野を広げる「海しる（海洋状況表示システム）」

「**海しる**」はウェブブラウザ上で、海洋に関する地理空間情報を一元的に閲覧することができる情報サービスです。政府機関などが有する海上安全、海洋開発、環境保全、水産等の様々な海洋情報を地図上で重ね合わせて見ることができ、個々の情報のみでは得られない新たな知見や価値の創出が期待できます。

「**海しる**」を通じた海洋情報の一元化や各分野を横断した海のデータ利用の促進に向け、これまで、掲載情報の拡充はもとより、海運・水産・資源開発・マリンレジャー等の海洋関係事業者が開発するアプリでも「**海しる**」の情報を直接利用することのできるAPI※の公開・拡充に取り組んできました。

さらに海洋教育といった新たな分野での利用促進に向け、海洋教育コンテンツを公開したほか、令和5年8月に開催された「こども霞が関見学デー」において、来場した親子への「**海しる**」の操作体験を通じたPRにも取り組みました。

今後も、海のデータの総合図書館として、様々な分野の利用者のニーズに応え、海のデータ利用のすそ野をさらに広げられるよう、掲載情報の充実や機能強化を進めていきます。

※API：Application Programing Interfaceの略。ソフトウェアやアプリケーションの一部を外部に向けて公開することで他のソフトウェアと機能を共有できるようにするもの。

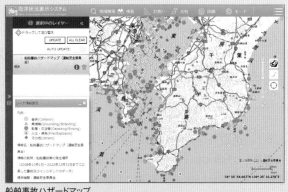
船舶事故ハザードマップ

こども霞が関見学デー

世界の海のデジタル化が進んでいます

世界中で、**航海用電子海図(ENC)**が着実に普及しています。電子**海図**は、車のカーナビのようなもので、危険な海域に接近したときの警告・警報や、**水路通報**による航海安全のために必要な情報の更新がボタン一つで可能になるなど、紙**海図**に比べてユーザの安全性と利便性が高くなっています。

2012年以来、**国際海事機関(IMO)**はSOLAS条約が対象とする一定以上のサイズの船舶に対して、電子**海図**情報表示装置(**ECDIS**)搭載の義務化を進めました。その結果、世界で紙**海図**の売上は急激に減り、電子**海図**の売上が急速に伸びています。

さらに、**国際水路機関(IHO)**では、新たな電子**海図**の基準であるS-101という製品仕様の開発を進めています。S-101の電子**海図**では、リアルタイムを含む様々な航海情報(S-100シリーズ製品)をS-101の電子**海図**に重ね合わせて表示できる等、安全性と利便性がさらに向上します。海上保安庁においてもS-101の電子**海図**刊行に向けた準備を進めています。

このような航海情報のデジタル化を象徴する動きとして、令和4年、英国海洋情報部(UKHO)は、令和12年(2030)年までは紙**海図**を維持するが、徐々にデジタルへ移行すると

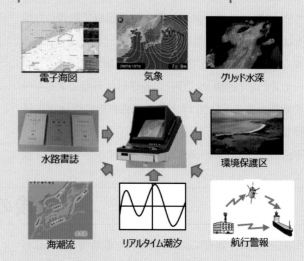

将来の電子海図表示システムのイメージ

電子海図　気象　グリッド水深
水路書誌　環境保護区
海潮流　リアルタイム潮汐　航行警報

電子海図上に様々な情報を重ね合わせることが可能

発表しました。海上保安庁とUKHOは共同で英語表記のみの紙**海図**(約140図)を刊行していますが、これを受けて、英語表記のみの紙**海図**がなくても、同じ海域に海上保安庁が刊行する日本語と英語が併記された紙**海図**が存在することから、英語表記のみの紙**海図**を段階的に廃版すると合意しました。

海上保安庁は、時代の変化を着実にとらえながら海のDX化を推進していきます。

COLUMN **16**

海図でオリジナルバッグを作ろう♪

海洋情報部企画課

令和5年7月、歴史的に貴重な**海図**や**海図**作製に使われた機器などを展示している海洋情報資料館をリニューアルしました。これに合わせ、同資料館に大型3D海底地形図や工作コーナーを設置しました。工作コーナーでは、測量船等のペーパークラフトや**海図**を使ったバッグ作りを体験できます。

海図は、目的地までの航路や自船の位置等を書き込みつつ繰り返し使用することから耐久性に優れた紙で出来ており、バッグとしても実用性バッチリです！また、日本全国を網羅しており、同じ地域でも縮尺によって水深等の描かれ方が異なります。折り方によっても海と陸地の割合が変わるため、自分だけのオリジナルバッグを作ることができます。

リニューアルにより老若男女問わず楽しめる施設になり、夏休み期間中には多くの家族連れが訪れました。また、校外学習の一環で来館する学生も多く、**海図**などが社会にどのように役立っているかなど海洋教育の場としても利用されています。海洋情報資料館は、お台場から電車で10分、ゆりかもめのテレコムセンター駅から徒歩5分ですので近くにお越しの際は、少し足を延ばしてみてはいかがでしょうか。皆様のご来館をお待ちしています。

海洋情報資料館 検索

海図バッグ　海図バッグ作成の様子　海洋情報資料館

7 海上交通の安全を守る

　我が国の周辺海域では、毎年約1,900隻の船舶事故が発生しています。ひとたび船舶事故が発生すると、尊い人命や財産が失われるとともに、我が国の経済活動や海洋環境に多大な影響を及ぼすこともあります。

　令和5年3月28日、交通政策審議会から第5次交通ビジョンとして「新たな時代における船舶交通をはじめとする海上の安全のための取組」が答申されました。本答申では、自然災害の激甚化、頻発化といった海上の安全をめぐる環境の変化を踏まえ、船舶交通をはじめとする海上の安全を確保するため海上保安庁が今後5年間において重点的に取り組むべき施策とその目標が示されました。

　海上保安庁は、本ビジョンに基づく施策を着実に推進し、海上の安全の確保に取り組んでいきます。

CHAPTER **I** 海難の現況

令和5年の現況

船舶事故

　令和5年の船舶事故隻数は1,798隻であり、船舶事故に伴う死者・行方不明者数は59人となっています。

　船舶事故の特徴として、プレジャーボートによる事故が891隻と最も多く、全体の約5割を占め、海難種類別では、運航不能の事故が834隻と最も多く全体の約5割を占めています。

| 船舶事故隻数、船舶事故による死者・行方不明者数の推移 |

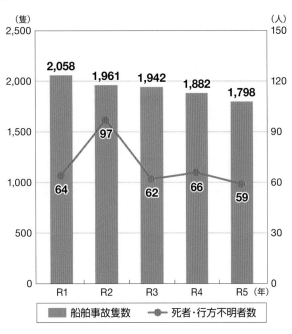

| 船舶事故の海難種類別の割合 |

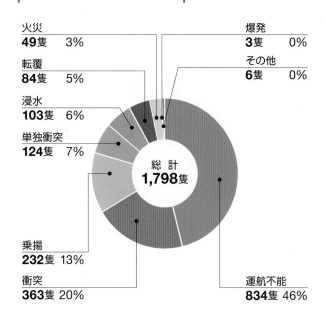

火災 **49**隻 **3%**
爆発 **3**隻 **0%**
転覆 **84**隻 **5%**
その他 **6**隻 **0%**
浸水 **103**隻 **6%**
単独衝突 **124**隻 **7%**
総計 **1,798**隻
乗揚 **232**隻 **13%**
衝突 **363**隻 **20%**
運航不能 **834**隻 **46%**

| 船舶事故の船舶種類別の割合 |

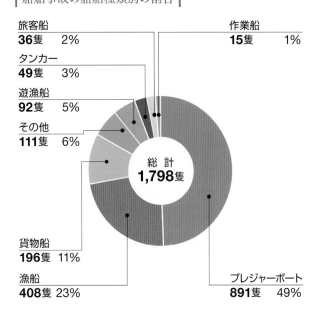

旅客船 **36**隻 **2%**
作業船 **15**隻 **1%**
タンカー **49**隻 **3%**
遊漁船 **92**隻 **5%**
その他 **111**隻 **6%**
総計 **1,798**隻
貨物船 **196**隻 **11%**
漁船 **408**隻 **23%**
プレジャーボート **891**隻 **49%**

| 船舶事故の海難原因別の割合 |

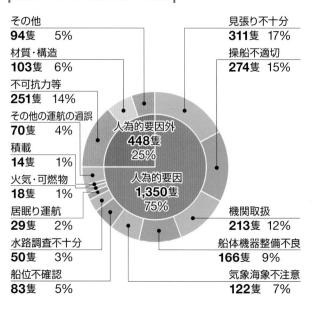

その他 **94**隻 **5%**
見張り不十分 **311**隻 **17%**
材質・構造 **103**隻 **6%**
操船不適切 **274**隻 **15%**
不可抗力等 **251**隻 **14%**
その他の運航の過誤 **70**隻 **4%**
積載 **14**隻 **1%**
人為的要因外 **448**隻 **25%**
火気・可燃物 **18**隻 **1%**
人為的要因 **1,350**隻 **75%**
居眠り運航 **29**隻 **2%**
水路調査不十分 **50**隻 **3%**
機関取扱 **213**隻 **12%**
船位不確認 **83**隻 **5%**
船体機器整備不良 **166**隻 **9%**
気象海象不注意 **122**隻 **7%**

※民間救助機関のみが対応したものを含まない。

人身事故

　令和5年の人身事故者数は2,378人であり、人身事故に伴う死者・行方不明者数は939人となっています。人身事故の特徴としてマリンレジャーに伴う海浜事故が762人と全体の約3割を占め、マリンレジャーに伴う海浜事故の活動内容別では遊泳中の事故が250人と最も多く、次いで、釣り中の事故が246人となっており、マリンレジャーに伴う海浜事故の約7割を占めています。

人身事故者数、人身事故による死者・行方不明者数の推移

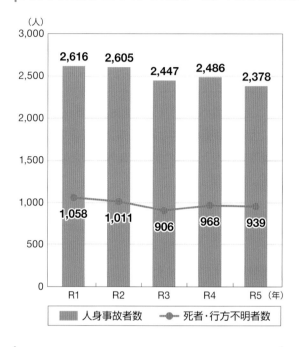

人身事故の区分別の割合

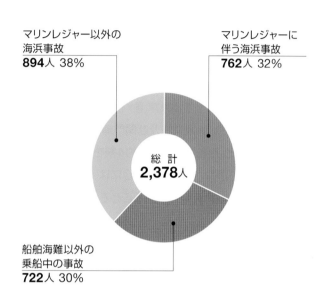

マリンレジャーに伴う海浜事故の活動内容別の割合

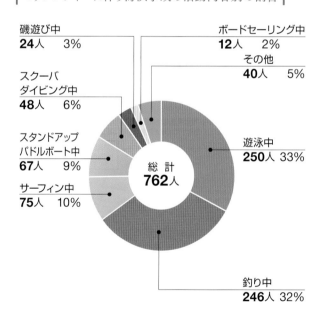

遊泳中のライフジャケット着用の有無による死者・行方不明者と生存者の割合（過去5年間）

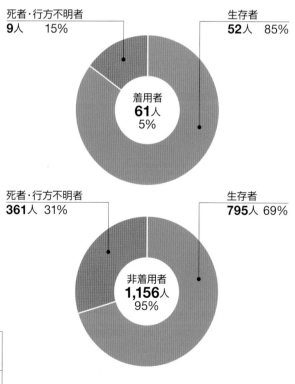

【海難定義】

船舶事故	海上において船舶に次のいずれかに該当する事態が生じた場合をいう。 ● 衝突・乗揚・転覆・浸水・爆発・火災・行方不明 ● 機関、推進器、舵等の損傷又は故障その他運航不能等
人身事故	海上又は海中において次のいずれかに該当する事態が生じた場合をいう。 ● 船舶事故によらない乗船者の海中転落、負傷、病気、中毒等 ● 海浜等において発生した乗船者以外の者の負傷、溺水、帰還不能等 　（マリンレジャーに伴う海浜事故とマリンレジャー以外の海浜事故に区分）

※「船舶事故（アクシデント）」及び「インシデント」、「人身事故」及び「その他の人身事故に係るトラブル」の区分は、分類の困難性、煩雑性等があったことから行わなくなりました。

■本文中の**太字の語句**は、166ページからの「語句説明」に解説を掲載しています。

CHAPTER Ⅱ ふくそう海域・港内等の安全対策

海上保安庁では、海上交通の安全確保を図るため、海上交通ルールを遵守するように指導を行っており、特に、船舶交通がふくそうする海域においては、航路を閉塞するような社会的影響が著しい大規模な船舶事故の発生数を「ゼロ」とすることを目標として、**海上交通センター**において24時間体制で的確な情報提供や航行管制を行い、船舶事故の未然防止に努めています。

令和5年の現況

船舶交通がふくそうする東京湾・伊勢湾・名古屋港・大阪湾・備讃瀬戸・来島海峡及び関門海峡での船舶事故隻数は677隻と、船舶事故全体の約4割を占めています。これらの海域で事故が発生した場合には、航路の閉塞や交通の制限により物資輸送が滞ることで、国際貨物輸送の99％以上（重量ベース）を海上輸送に頼る我が国の経済活動に大きな影響を及ぼします。海上保安庁では、**ふくそう海域**等での海上交通の安全を確保するため、次の取組を実施しています。

1 海域毎の交通ルール及び安全対策

海上の交通ルールには、基本的なルールを定めた「**海上衝突予防法**」のほか、特別なルールとして東京湾・伊勢湾・大阪湾を含む瀬戸内海に適用される「**海上交通安全法**」、法令で定める港に適用される「**港則法**」があります。海上保安庁では、これらの法令を適切に運用することで、海上交通の安全確保を図っています。

ふくそう海域における安全対策

海上交通の要衝となっている東京湾・伊勢湾・名古屋港・大阪湾・備讃瀬戸・来島海峡及び関門海峡には、**海上交通センター**を設置して、船舶の動静を把握し、航行の安全に必要な情報の提供や、大型船舶の航路入航間隔の調整を行うとともに、巡視船艇との連携により、通航方式に従わない船舶への指導等を実施しています。

ふくそう海域における安全対策

海上交通センターの配置図

令和5年度観測地別の通航船舶隻数（1日平均）

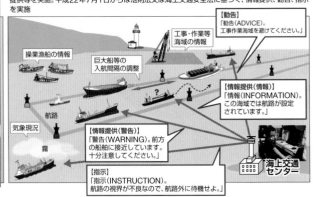

海上交通センターの主な業務
レーダー、AIS（船舶自動識別装置）、VHF無線電話等により船舶の安全航行に必要な情報の収集と提供等を実施。平成22年7月1日からは港則法又は海上交通安全法に基づく、情報提供、勧告、指示を実施

※上段は調査海域名、下段の数字は通航船舶隻数（1日平均）
※　　は主要水道
※1日平均は、主要水道については2日間（48時間）観測した総通航隻数の内、1日（24時間）の平均隻数を算出
　その他の海域については、1日（24時間）観測した総通航隻数

港内における安全対策

　港則法に基づき、全国の87港を特定港に指定し、船舶の入出港状況の把握、危険物荷役の許可、停泊場所等の指定を行っており、また、一部の港においては船舶の出入航管制を行っています。

沿岸における安全対策

　AISを活用した航行安全システムを運用し、日本沿岸において乗揚げや**走錨**のおそれのあるAIS搭載船に対して注意喚起や各種航行安全情報を提供しています。

2　激甚化・頻発化する異常気象等に対する事故防止対策

　近年の台風等の異常気象が激甚化・頻発化する状況を踏まえ、さらなる事故防止対策の強化のため、令和3年7月1日に施行された**海上交通安全法**等の一部を改正する法律により、
● 異常な気象・海象が予想される場合の勧告・命令制度
● **海上交通センター**による情報提供、危険回避措置の勧告制度
などが創設されました。

　これによって、特に勢力の強い台風などが東京湾、伊勢湾、大阪湾を含む瀬戸内海を直撃すると予想される場合、大型船等の一定の船舶に対し、湾外などの安全な海域への避難等を勧告（湾外避難等勧告）することなどができるようになり、令和4年9月には「瀬戸内海西部海域」を対象として、この勧告を初めて発出しました。

　また、令和5年にあっては、8月に台風7号が近畿地方を縦断した際も、「大阪湾」を対象としてこの勧告を発出し、船舶事故の未然防止に寄与しました。

　海上保安庁では、引き続き、台風等の異常気象時における船舶交通の安全確保に努めていきます。

｜ 創設された制度の概要 ｜

異常な気象・海象が予想される場合の勧告・命令制度（海上交通安全法第32条）

● 特に勢力の強い台風の直撃が予想される際、大型船等の一定の船舶※に対し、**湾外などの安全な海域への避難**や**入湾の回避**の勧告を実施。
● 台風等の接近の際、湾内等にある船舶に対し、**一定の海域における錨泊の自粛**や**走錨対策の強化**の勧告を実施。

※主に船体形状や大きな風圧面により風の影響を強く受ける船舶
　目安としては長さ160m以上の自動車運搬専用船、コンテナ船、タンカー、長さ200m以上の貨物船など

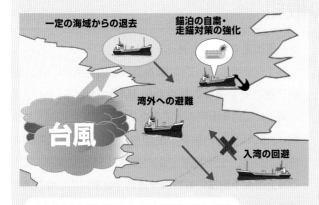

一定の海域からの退去　錨泊の自粛・走錨対策の強化
湾外への避難
台風
入湾の回避

それぞれの海域に設置した、海上保安庁、海事・港湾関係者、行政機関で構成する**協議会**において、必要に応じて、以下について協議・調整を図る。（海上交通安全法第35条）
● 避難の**対象となる台風**
● 避難の**時期**や**対象船舶**
● 勧告発出時の**連絡・周知**の体制 等

湾外へ避難させる必要がある船舶に対しては、港外避難と湾外避難の勧告・命令を海上保安庁長官が一体的に実施。

海上交通センターによる情報提供、危険回避措置の勧告制度（海上交通安全法第33条・第34条、港則法第43条・第44条）

● 臨海部における施設等周辺の一定の海域※において錨泊、航行等する個別の船舶に対し、走錨のおそれなど事故防止に資する情報を提供し、その情報の聴取を義務付け。
● 船舶同士の異常な接近等を認めた場合に、当該船舶に対し危険の回避の勧告を実施。

※京浜港横浜・川崎沖、東京湾アクアライン周辺海域（令和4年4月1日現在）

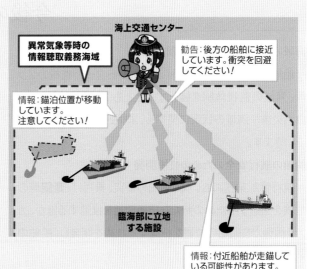

海上交通センター
異常気象等時の情報聴取義務海域
勧告：後方の船舶に接近しています。衝突を回避してください！
情報：錨泊位置が移動しています。注意してください！
臨海部に立地する施設
情報：付近船舶が走錨している可能性があります。注意してください！

各海域や各海域において対象となる施設の詳細は「走錨事故防止ポータルサイト」をご覧ください。

走錨事故防止ポータルサイト

大阪湾海上交通センターの監視及び情報提供体制の強化

昨今の自然災害の激甚化、頻発化への対応として、海上空港などの臨海部に立地する施設の周辺海域における**走錨**事故対策、異常気象等時における事故防止対策を適切に推進していくことが必要となっています。特に、平成30年9月の台風21号の影響により発生した関西国際空港連絡橋への船舶衝突事故では、空港アクセスが遮断され、人流・物流に甚大な影響を及ぼしました。

海上保安庁ではこれを受け、大阪湾北部海域（関西国際空港周辺海域以北の海域）における船舶の動静監視及び船舶への情報提供体制の強化を図るため、レーダー及び監視カメラを増設し、情報聴取義務海域を拡大しました。また、第五管区海上保安本部と大阪湾**海上交通センター**のさらなる連携強化を図る観点から、令和5年3月に同センターの管制機能を兵庫県淡路市から同県神戸市へ移転しました。さらに、平時及び異常気象等時の船舶事故の未然防止を目的として、令和5年10月に同センターに明石海峡航路の航路管制と阪神港の港内交通管制を統合しました。

海上保安庁としましては、引き続き、**ふくそう海域**における船舶交通の安全確保に努めます。

大阪湾海上交通センター運用管制室

今後の取組

海域の監視・情報提供体制の強化

船舶事故の未然防止を図るため、レーダーや監視カメラ等、海域の監視体制を強化するとともに、船舶に対して、自然災害や海域の状況に関する、より正確な情報を提供していきます。

船舶の航行安全のための技術開発

航行管制業務において、船舶の衝突、乗揚げ、**走錨**等の危険を回避するための新たな技術開発を推進するほか、カメラ画像から船舶の位置を把握する技術を開発し、船舶の航行安全の向上を図ります。

自動運航船に係る検討の実施

国際海事機関（IMO）において、自動運航船の安全運航のために必要な新たな国際ルールを令和10年に発効させることを目指し、具体的な検討が進められており、今後、既存の海事関係諸条約の解釈の整理や改正に関する議論が一層加速することが見込まれます。

海上保安庁においては、自動運航船の実用化に関し、船舶交通の安全確保の観点から、**IMO**における「1972年の海上における衝突の予防のための国際規則に関する条約（COLREG）」の解釈の整理や改正に関する国際的な議論に対応し、この結果を踏まえ、COLREGに準拠している**海上衝突予防法**の解釈の整理等や必要に応じ他の海上交通法令の改正等に関する検討を行います。

港内における燃料供給体制の構築

近年、カーボンニュートラルの実現に向けた「脱炭素化」の取組が加速するなか、すでに運航しているLNG燃料船以外にも水素・アンモニア等を燃料とする船舶の開発が進んでいるため、これら船舶に対しての燃料供給に必要な航行安全体制の構築に努めます。

生命を救う

2 治安の確保

3 領海・EEZを守る

4 青い海を守る

5 災害に備える

6 海を知る

7 海上交通の安全を守る

海をつなぐ

CHAPTER III マリンレジャー等の安全対策

海上保安庁では、船舶の運航及びマリンレジャー等の沿岸海域における活動に伴う事故の減少を目指しています。

特に、船舶事故の約5割を占めるプレジャーボートの事故や、カヌー、SUP（スタンドアップパドルボード）、遊泳、釣り等のマリンレジャー中の事故に対して積極的な海難防止活動を行っています。

令和5年の現況

1　海難防止活動

海難を防止するためには、船舶操縦者やマリンレジャー愛好者の安全意識の向上を図ることが重要です。

このため、海上保安庁では、国の関係機関や民間の関係団体と連携し、漁港やマリーナ等における訪船指導や海難防止講習会、小中学生を対象とした海上安全教室の開催、リーフレットの配布やSNS等拡散効果の高い媒体を使用した情報提供を行っています。また、マリンレジャーごとの事故防止のための情報をまとめた総合安全情報サイト**「ウォーターセーフティガイド」**を開設し、モーターボート、ミニボート、水上オートバイ、カヌー、SUP、釣り、遊泳、スノーケリングの8つのアクティビティについて公開しているほか、**海洋状況表示システム「海しる」**において陸釣りや船釣りで過去に事故を確認した場所を日本地図上に表示した「釣り事故マップ」を公開して、海中転落等の事故情報をわかりやすく発信しています。

更に、近年のマリンレジャーの活発化・多様化に対応するため、民間団体等に所属する各マリンレジャーの専門家の知見を活用して、現場における訪船指導や海難防止講習会を行う海上保安官のマリンレジャーに対する見識を深め、適切で効果的な啓発活動を行うための研修を行い、海上保安官の現場指導能力の向上を図っています。

そのほか、SUPに関連して経験の浅い方に対する安全啓発を関係団体が主体となり推進していくために立ち上げた「SUP安全推進プロジェクト」や舟艇及び水上安全等に関わる官民の団体が集い、議論を行うことで更なる海難防止と安全対策の向上を図ることを目的としている「水辺の安全ネットワーク会議（JBWSS）」といった枠組みに参画、支援し、安全対策の向上に取り組んでいます。

また、マリンレジャー活動が活発となる夏季には、「海の事故ゼロキャンペーン」を実施し、官民の関係者が一体となって海難の未然防止を図るなど、重点期間を定め効果的な啓発活動を行っています。

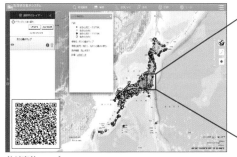
釣り事故マップ

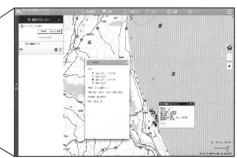

「海の事故ゼロキャンペーン」ポスター

官民合同パトロールの状況　　海上安全教室の状況　　訪船指導の状況

7 海上交通の安全を守る

2 海上安全指導員

プレジャーボートによる事故を防止するためには、海上保安庁のみならず、マリンレジャー愛好者が自助、共助の考えに基づく対応をとることが重要です。

海上保安庁では、昭和49年から、プレジャーボートの安全運航のため、指導・啓発等の安全活動を積極的に行っている方々を「**海上安全指導員**」として指定しており、全国で約1,500名（令和5年12月末時点）の**海上安全指導員**が活動しています。

海上安全指導員との合同パトロール状況

海上安全指導員が安全啓発活動時に用いるグッズ

▲安全パトロール旗

▲安全パトロールステッカー

▲海上安全指導員手帳

▲腕章

エンジンの点検整備は重要です！

近年、プレジャーボートの事故は、船舶事故全体の約半数を占めており、特に機関（エンジン）故障による事故が最も多く発生しています。海上保安庁では、プレジャーボートの機関故障に関して現状を把握するため、深堀調査を実施したところ、海水ポンプインペラや点火プラグの破損といった発航前検査では防ぐことができない事故が多く発生していることが判明しました。このことから、発航前検査に加えて整備事業者による定期的な点検整備の励行を呼びかけています。

これらの事情を踏まえ、ビギナー船長向けに「分かりやすく即活用できる」をコンセプトとして**ウォーターセーフティガイド**に「モーターボート編」を新設しました。ぜひご活用ください。

ビルジの点検

そのマリングッズ大丈夫ですか?

近年、インターネットの普及によりカヌーやSUPなどの関連商品を愛好者が販売店に行かなくても手軽に購入できるようになりました。一方で、愛好者が、販売店を訪れた際に得られていた関連商品の取扱方法やマリンレジャーの注意点といった安全に関する情報を直接教えてもらう機会が少なくなってきています。

海上保安庁では、以前からアマゾンジャパン合同会社と連携して関連商品購入者に対して**ウォーターセーフティガ**イドを紹介するメールを送り、安全啓発を行っているところ、今般、楽天グループ株式会社やヤフー株式会社などの大手デジタルプラットフォーム提供者と連携し、サイト上に、海難防止に関する安全情報を掲載して周知・啓発を図りました。海上保安庁としては、このように社会情勢の変化に応じた啓発手段を模索し、一人でも多くの愛好者に必要な安全情報をお届けできるよう工夫していきます。

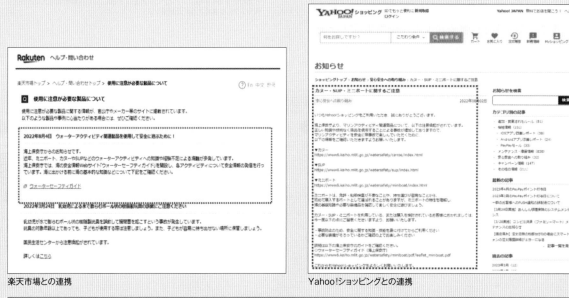

楽天市場との連携　　　　　　　　Yahoo!ショッピングとの連携

マリンレジャー海難防止指導官大活躍！

近年、プレジャーボートの事故に加え、ミニボート、カヌー、SUPなどのマリンレジャーによる事故が増加しています。海上保安庁では、これらの事故に対する効果的な対策を行うため、令和3年から、海難防止指導を行う海上保安官を対象に、マリンレジャー中の事故を防止するために必要な専門的知識・技能を習得させるための研修を実施しています。

研修を受講し、専門的知識・技能を習得した海上保安官は、各管区海上保安本部において、「マリンレジャー海難防止指導官」に指名されます。

マリンレジャー海難防止指導官が他の海上保安官に研修で得た知識・技能をフィードバックし、各海上保安官が現場でマリンレジャー愛好者に対して適切な安全指導を行うことにより、海難の減少に貢献しています。

7 海上交通の安全を守る

3 「海の安全情報」の提供

海上保安庁では、海難を防止することを目的として、プレジャーボートや漁船等の操縦者、海水浴や釣り等のマリンレジャー愛好者等に対して、ミサイル発射や港内における避難勧告等に関する緊急情報、海上工事や海上行事等に関する海上安全情報、気象庁が発表する気象警報・注意報、全国各地の132箇所の灯台等で観測した気象現況（風向、風速、気圧及び波高*1）、海上模様が把握できるライブカメラ映像等を「**海の安全情報**」としてパソコン、スマートフォン及び携帯電話で提供しています。

特に、スマートフォン用サイトでは、GPSの位置情報から現在地周辺の緊急情報、気象現況等を地図画面上に表示することで、利用者が必要な情報を手軽に入手することができます。

また、緊急情報、気象警報・注意報及び気象現況については、事前に登録されたメールアドレスに配信するサービスを提供しています。

さらに、より多くの利用者に情報を知らせるため、英語ページによる提供、Lアラート*2への配信などのサービスも実施しています。

*1 気象現況の観測項目は、観測箇所によって異なります。
*2 災害時における迅速かつ効率的な情報伝達を目的として、国や地方公共団体等が発する災害情報等を多様なメディアに一斉配信するための、一般財団法人マルチメディア振興センターが運営する共通基盤システム。

| 海の安全情報 |

今後の取組

ウォーターセーフティガイドの充実強化

ウォーターセーフティガイドについては、平成30年4月から運用を開始していますが、近年のマリンレジャーの活発化・多様化や社会情勢の変化に対応するため、定期的に関係団体・関係機関と意見交換会や掲載内容の見直しを行い、利用者の皆様に有意義な情報発信を行います。また、令和5年から利用者の皆様のご意見を伺うためにアンケート機能を追加しており、より良い安全情報サイトを目指します。

安全啓発に取り組むマリンレジャー愛好者、団体等との協働

マリンレジャーに対する安全啓発活動について、関係省庁や地方公共団体などの関係機関のみならず、マリンレジャー愛好者や愛好者団体などの協力を得て、情報発信力のあるSNS等を活用した安全情報の発信やイベント等での注意喚起など、安全の呼びかけを自発的に行う体制を構築し、安全啓発活動の範囲拡充を図ります。

<table>
<tr><td>

COLUMN
17

</td><td>

最後の児童を一日海上保安官として
海の事故ゼロキャンペーン

宇和島海上保安部

</td></tr>
</table>

　令和5年7月14日、宇和島海上保安部は閉校になる小学校の児童を一日海上保安官に任命して海の事故ゼロキャンペーンを実施しました。

　愛媛県の南端に位置する愛南町立久良小学校は、水産業が盛んな港町の高台に建つ小学校として明治8年から地域とともに長い歴史を歩んできましたが、令和5年度をもってその幕を降ろすことになりました。地元の漁業者のほとんどが同校の卒業生であり家族のように子供たちを大切にしている久良漁協から最後の思い出に子供たちを巡視船に乗せられないかとの相談を受けて、児童を一日海上保安官とし

て海上での活動を実施してもらいました。

　当日、一日海上保安官として任命された全校児童の7名は、まず久良漁港内を一緒に歩いて漁業者などにリーフレットを配って大きな声で事故の防止を呼び掛けました。その後、児童らは巡視船「たかつき」で沖合に出て拡声器やライトメールを使って漁船などにも呼び掛けました。

　洋上で広島航空基地のヘリコプターと合流すると児童らはひときわ大きな歓声を上げて、船の周りを低空で旋回するヘリコプターに対して手を振り続けながら最後まで元気一杯に務めを果たしてくれました。

対応した
職員の声　　宇和島海上保安部 交通課 安全対策係長　**土屋　篤史**

　この行事を無事に終え、児童はもちろん、地域の方々にも喜ばれる仕事が出来たことに加えて、地元報道機関などにも大きく取り上げられたことは、自分自身も達成感を得ることができました。

　今後も地域の要望に応えながら、地域に貢献する活動を続けていきます。

CHAPTER IV 航行の安全のための航路標識と航行安全情報の提供

海上保安庁では、船舶交通の安全と運航能率の向上を図るため、灯台をはじめとする各種航路標識を整備し管理しているほか、様々な手段を用いて、航海の安全に必要な情報を迅速かつ確実に提供し、船舶事故の未然防止に努めています。

令和5年の現況

1 航路標識の運用

船舶が安全かつ効率的に運航するためには、常に自船の位置を確認し、航行上の危険となる障害物を把握し、安全な進路を導く必要があります。海上保安庁では、このための指標となる灯台等の航路標識を全国で5,125基運用しています。

航路標識は、灯台や灯浮標（ブイ）等様々な種類があり、光、形状、彩色等の手段により、我が国の沿岸水域を航行する船舶の指標となる重要な施設であり、国際的な基準に準拠して運用しています。

| 航路標識の設置例 |

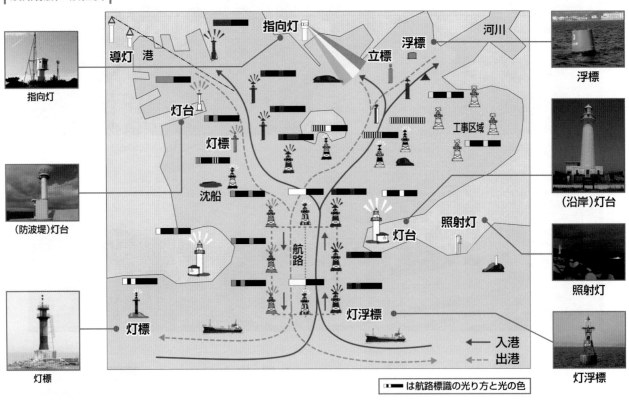

2 航路標識の活用

地方公共団体等による灯台の観光資源としての活用等を積極的に促すことにより、海上安全思想の普及を図り、これを通じて地域活性化にも一定の貢献を果たしていきます。

加えて、地域のシンボルとなっている灯台を活用した地

域連携や、全国に64基現存している明治期に建設された灯台の保全を行っています。

令和5年11月3日には、参観灯台（いわゆる「のぼれる灯台」）が所在する4つの地方公共団体（志摩市、銚子市、御前崎市、出雲市）が発起人となり、歴史的な灯台を観光

振興に活かす方策を議論する「灯台ワールドサミット」が、島根県出雲市において開催され、同サミットに合わせ出雲日御碕灯台の特別公開を行いました。その他にも、航路標識協力団体と連携した活動やメディアを利用した活動など海上保安庁では、国民の皆様に灯台に親しんでいただくための取組を行っています。

出雲日御碕灯台特別公開

航路標識協力団体による活動の様子

絶海の孤島における灯台復旧！！

　青森海上保安部が管理する久六島灯台（きゅうろくしま）は、昭和34年に設置以来60余年、青森県西方沖合を航行する船舶の進路目標となる重要な航路標識として、厳冬の日本海特有の風浪に耐え、航行する船舶の安全を見守ってきました。令和3年2月における日本海側を中心に発達した低気圧による暴風及び波浪によって、外壁や踊場の一部が崩壊しているのが確認されました。第二管区海上保安本部では、更なる欠損や倒壊の恐れがあるため、速やかに復旧整備に着手しました。

　しかし、復旧工事は、厳しい設置環境のため、工事可能な時期は海上が比較的穏やかな春先が主体になることに加え、島内は狭く工事資器材を常時保管できないほか、従来の施工方法（鉄筋コンクリート造による建替え）では復旧まで長期間を要するといった難題に直面しました。

　こうした状況を打開するため最適な施工方法を模索した結果、工場で鋼製灯塔を製造して現場で設置する方法を採用しました。

　これにより、復旧に伴う難題を解消し、更に従来の施工方法より短い工期で復旧を完了させることができました。（令和5年7月復旧）

　海上交通の安全に貢献するため、海上保安庁では航路標識を着実に管理・整備していきます。

損傷状況

工場における灯塔製造

復旧状況

7 海上交通の安全を守る

3 水路図誌、水路通報、航行警報

水路図誌

海上保安庁では、水深や浅瀬、航路の状況といった航海の安全に不可欠な情報を、**海図**等の水路図誌として提供しています。

水路通報

航路標識の変更、地形及び水深の変化等、水路図誌を最新に維持するための情報や、船舶交通の安全のために必要な情報を**水路通報**としてインターネットで提供しています。

航行警報

航路障害物の存在等、船舶の安全な航海のために緊急に周知が必要な情報を**航行警報**として通信衛星、無線、インターネット等で提供しています。

また、利用者が視覚的に容易にその海域を把握することができるよう、ビジュアル情報としてもインターネットで提供しています(スマートフォン利用可)。

| 水路通報・航行警報位置図ビジュアルページ |

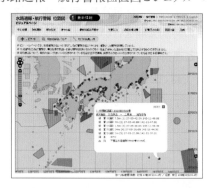

船舶交通安全情報(水路通報・航行警報)
https://www1.kaiho.mlit.go.jp/TUHO/tuho2.html

水路通報・航行警報位置図ビジュアルページ
https://www1.kaiho.mlit.go.jp/TUHO/vpage/visualpage.html

水路通報・航行警報位置図ビジュアルページ
(スマートフォン向け)
https://www1.kaiho.mlit.go.jp/TUHO/vpage/mobile/visualpage.html

| 水路通報・航行警報の概念図 |

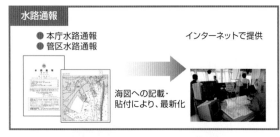

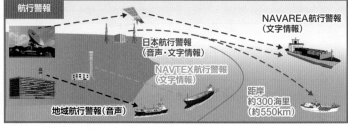

| 水路通報・航行警報の種類と提供範囲 |

今後の取組

航路標識の老朽化、防災対策

海上交通の安全を守る重要なインフラである灯台等の老朽化が進行していることからライフサイクルコストを意識した点検診断及び修繕を的確に行い、灯台等の長寿命化を図ります。

また、激甚化、頻発化する自然災害に対し、灯台等の倒壊事故を未然防止するため、基礎部等に海水等が浸入し倒壊の蓋然性が高い灯台等に対し、海水浸入防止対策を推進します。

航路標識に関する新技術の導入

自然災害の激甚化、頻発化に対する耐災害性強化や保守の省力化を図るため、高輝度LEDを活用した新たな光源の開発、検証を行い、大型灯台等への導入を推進します。

また、灯浮標の流出等の異常を早期に発見するため、灯浮標の位置や蓄電池電圧なども監視する新たな監視装置への更新を推進します。

8 海をつなぐ

　四方を海に囲まれ、世界有数の海洋国家である我が国にとって、海でつながる諸外国と連携・協力を図り、海で発生する様々な問題を円滑に解決することは非常に重要です。海上保安庁では、諸外国の海上保安機関との間で、多国間・二国間の枠組みを通じ、海賊、不審船、密輸・密航、海上災害、海洋環境保全といったあらゆる課題に取り組み、「自由で開かれたインド太平洋（Free and Open Indo-Pacific：FOIP）」の実現に向けて、法の支配に基づく自由で開かれた海洋秩序の維持・強化を図るとともに、シーレーン沿岸国の海上保安能力向上を支援するほか、国際機関と連携した様々な取組を行っています。

　令和5年度は、新型コロナウイルス感染症が収束したことから、海上保安庁では、コロナ禍前のように各国と対面で会合や訓練を行ったほか、オンライン会合も引き続き取り入れつつ、各種国際業務に取り組みました。

CHAPTER	I	各国海上保安機関との連携・協力
CHAPTER	II	諸外国への 海上保安能力向上支援等の推進
CHAPTER	III	国際機関との協調

CHAPTER　I　各国海上保安機関との連携・協力

　犯罪は国際犯罪組織が関与するものも発生し、事故・災害は大規模化する傾向にある中、一つの国が管轄権を行使できる海域には制約があります。

　海に関する問題は、一つの国で解決することが困難なものが多く、海でつながる諸外国と連携・協力して対処することが極めて重要です。海上保安庁では、諸外国との合同訓練や共同パトロール等を通じ、これら海上保安機関間の協力関係を実質的な活動に発展させるよう主導し、様々な分野で連携・協力を図っています。

多国間での連携・協力

1　世界海上保安機関長官級会合（CGGS：Coast Guard Global Summit）

　近年、地球規模の自然環境や社会環境の変化により、海洋においても、大規模な自然災害による被害や、薬物犯罪等国境を越える犯罪の脅威が拡大しています。このような地球規模の課題が拡がる中、平和で豊かな海を次世代に継承していくためには、平和と治安の安定機能としての役割を担う海上保安機関が世界的に連携し協力することが強く求められるようになりました。

　海上保安庁では、法の支配に基づく海洋秩序の維持等の基本的な価値観を共有し、世界の海上保安機関が力を結集してこれらの課題に取り組むため、平成29年から世界各国の海上保安機関等のトップが一堂に会する「**世界海上保安機関長官級会合**」を日本財団と共催しています。

　令和元年に東京において開催された「第2回**世界海上保安機関長官級会合**」では、84の海上保安機関等が、"the first responders and front-line actors"（海上で「最初に」「最前線で」活動する機関）として共通する行動理念の理解を深めました。

　令和5年10月には、過去最大となる96の海上保安機関等のトップ等が出席する「第3回**世界海上保安機関長官級会合**」を開催しました。会合では、会合運営ガイドラインの改正、海上保安機関間の情報共有のための専用ウェブサイトの運用開始、人材育成オンラインプログラムの継続実施等について合意し、この枠組みを世界の海上保安機関間の連携・協力のプラットフォームとして引き続き有効に機能させていく必要性を確認しました。また、"the first responders and front-line actors"たる海上保安機関等が直面する課題を克服し、"Peaceful, Beautiful, and Bountiful Seas"（平和で美しく豊かな海）を次世代に受け継ぐために、海上部門における共通の行動理念への理解を深め、全世界の海上保安機関の能力を向上させることが重要であることを再認識しました。

令和5年　第3回世界海上保安機関長官級会合　　　　会合風景　　　　　　　　　　　　議長を務める海上保安庁長官

北太平洋海上保安フォーラム
(NPCGF：North Pacific Coast Guard Forum)
6か国

アジア海上保安機関長官級会合
(HACGAM：Heads of Asian Coast Guard Agencies Meeting)
22か国1地域2機関

世界海上保安機関長官級会合
(CGGS：Coast Guard Global Summit)
長官級会合（2017）：世界34か国1地域、38の海上保安機関等
実務者会合（2018）：世界58か国、66の海上保安機関等
長官級会合（2019）：世界75か国、84の海上保安機関等
実務者会合（2021）：世界88か国、98の海上保安機関等
長官級会合（2023）：世界86か国1地域、96の海上保安機関等

2 北太平洋海上保安フォーラム（NPCGF）

北太平洋海上保安フォーラムは、北太平洋地域の6か国（日本、カナダ、中国、韓国、ロシア、米国）の海上保安機関の代表が一堂に会し、北太平洋の海上の安全・セキュリティの確保、海洋環境の保全等を目的とした各国間の連携・協力について協議する多国間の枠組みであり、海上保安庁の提唱により、平成12年から開催されています。

このフォーラムの枠組みの下、参加6か国の海上保安機関は、北太平洋の**公海**における違法操業の取締りを目的とした漁業監視共同パトロールや、現場レベルでの連携をより実践的なものとするための多国間多目的訓練（MMEX）

等を行っています。また、今後の連携・協力の方向性やこれまでの活動の成果について議論するため、例年、長官級会合（サミット）と、実務者による専門家会合を開催しています。

令和5年9月には、長官級会合がカナダ・バンクーバーにおいて開催され、参加国が連携して実施する取組及び今後の活動の方向性について議論が行われたほか、海上での犯罪取締り等に関する情報交換も行われ、北太平洋の治安の維持と安全の確保における多国間での連携・協力の推進が確認されました。

令和5年北太平洋海上保安フォーラムサミットの様子　　　　合同訓練の様子

3　アジア海上保安機関長官級会合（HACGAM）

アジア海上保安機関長官級会合は、海上保安機関の長官級が一堂に会して、アジアでの海上保安業務に関する地域的な連携強化を図ることを目的とした多国間の枠組みであり、海上保安庁の提唱により、平成16年から開催されています。

22か国1地域2機関がメンバー国であり、令和5年9月に長官級会合がトルコで開催され、17か国・1地域・2機関が参加し、メンバー間の連携を維持・発展させることについて合意がなされました。また令和3年12月から、情報共有のプラットフォームとなる**HACGAM**ウェブサイトの正式運用が始まりました。海上保安庁は、アジア地域の諸外国海上保安機関と、ウェブサイトも活用しつつ地域的な連携強化に取り組みます。

HACGAM長官級集合写真　　　　　　　　　トルコ沿岸警備隊長官との意見交換

注目を浴びる海上保安庁の国際業務

我が国を取り巻く安全保障環境が一層厳しさを増す中、法執行を任務とする海上保安機関の重要性は、世界的にますます注目を集めています。法の支配に基づく「自由で開かれたインド太平洋」の実現に向けて、様々な取組を行っている海上保安庁は、令和5年度、多くの外国機関と交流を行いました。

米国海軍太平洋艦隊司令官パパロ大将による長官表敬

フランス太平洋管区司令官による海上保安監表敬

フィリピン国家安全保障担当顧問による長官表敬

駐日トルコ共和国大使による長官表敬

米国沿岸警備隊太平洋方面ティアンソン司令官訪日

当庁航空機をシンガポール・インドネシアへ派遣

Jhops（太平洋合同安全保障会議）

ミクロネシア司法大臣代行とのバイ会談　　　日韓長官級協議　　　　　　　キリバス海上警察とのバイ会談

二国間での連携・協力

1 アメリカ

　海上保安庁は米国沿岸警備隊（USCG）を模範として設立し、平成22年には「海上保安庁とUSCGとの間の覚書」を署名・交換しました。同覚書に基づき、巡視船艇の相互訪問等の職員交流及び情報共有・交換を実施しています。

　また令和4年、USCGとの間で協力覚書に係る付属文書を署名し、日米海上保安機関の連携をより一層密なものとするとともに、日米間の取組を「サファイア」と呼称することとなりました。この「サファイア」の一環として、日米海上保安機関合同訓練等を実施しています。また、令和5年4月には、海上保安大学校とUSCGアカデミーとの間で、これまで行ってきた学術と教育訓練に係る交流をさらに拡大して関係を強化し、双方の大学校教育を一層充実させることを目的とする、協力に関する文書を署名しました。

　海上保安庁は、世界の海上保安機関の連携協力を主導しており、インド太平洋地域の外国海上保安機関に対して海上犯罪の取締り等に必要な能力向上支援にも取り組んでいます。日米海上保安機関合同訓練を通じて、両機関の海上法執行の手法や手続に関する相互理解を深め、互いの能力を向上させるとともに、この実績を積み重ね、外国海上保安機関への能力向上支援等にも反映させていくこととしています。

　令和5年12月には、海上保安庁の**機動防除隊**（NST）及び**特殊救難隊**（SRT）がUSCGナショナルストライクフォース（NSF）を訪問し、海上災害対応に関する意見交換を行い、相互理解を深めました。日米の両部隊は、今後も交流を推進し、日米海上保安機関の能力の向上や協力関係を発展させていくこととしています。

令和5年 米国沿岸警備隊との合同訓練（於:サンディエゴ沖）

令和5年 海上保安大学校長とUSCGアカデミー学長が文書に署名　　　USCG・NSFとの現地交流（於:米国カリフォルニア州）

生命を救う

治安の確保

領海・EEZを守る

青い海を守る

5 災害に備える

6 海を知る

7 海上交通の安全を守る

8 海をつなぐ

8 海をつなぐ

COLUMN 18 — 海上保安大学校と米国コーストガード・アカデミーが双方にとって初となる協力に関する文書を締結

海上保安大学校

海上保安大学校と米国コーストガード・アカデミーは、令和4年5月に締結された海上保安庁と米国沿岸警備隊との協力覚書付属文書に基づく日米共同の取組「SAPPHIRE（サファイア）＊」の一環として、これまで行ってきた学術と教育訓練に係る交流をさらに拡大して関係を強化し、日米双方の海上保安機関の大学校教育を一層充実させることを目的とする文書を令和5年4月21日（日本時間4月22日）に締結しました。

署名式は、ウィリアム・ケリー米国コーストガード・アカデミー学長と江口満海上保安大学校長の出席により約90年の歴史を誇るハミルトン・ホールにおいて和やかな雰囲気の中で行われました。

署名後、ケリー学長は「海上保安大学校との長い友情の歴史をさらに発展させ、お互いの教育訓練の充実に繋げていきます。」と述べて本協定が両アカデミーの歴史的な関係をさらに強化するものであるとしてその意義を強調して歓迎しました。

江口大学校長は、「1949年、海上保安庁が創設された翌年に、後に初代海上保安大学校長となる伊藤邦彦氏は海上保安庁長官の命を受けて米国コーストガード・アカデミーなどを訪れ、4ヶ月間にわたり海上保安大学校設立に向けた調査を行いました。」「1951年に米国コーストガード・アカデミーをお手本として海上保安大学校が誕生し、今日までその伝統が引き継がれています。」と述べて両アカデミーの交流の歴史に触れるとともに、「学術交流や学生間の交流を通して両アカデミーの関係がさらに強固なものになっていくことを確信しています。」と述べました。

署名後は、米国コーストガード・アカデミーが最高の敬意を示す際に行う栄誉礼の式典がケリー学長と江口大学校長による巡閲とともに行われ、13発の祝砲が鳴り響く中、両アカデミーにとって初となる協力に関する文書締結に花が添えられました。

＊ SAPPHIRE（サファイア）(Solid Alliance for Peace and Prosperity with Humanity and Integrity on the Rule-of-law based Engagement)
「法の支配の取組における誠実と仁愛に基づいた平和と繁栄のための強固な連携」

2　韓国

海上保安庁と韓国海洋警察庁は、海域を接する両国間における海上の秩序の維持を図り、幅広い分野での相互理解・業務協力を推進するため、平成11年以降、定期的に日韓海上保安当局間長官級協議を開催しています。

令和5年12月には19回目となる長官級協議を韓国・仁川において実施し、両当局間の連携・協力を図ることで一致しました。

令和5年6月には第八管区海上保安本部と東海地方海洋警察庁が、10月には第七管区海上保安本部と南海地方海洋警察庁が、双方の船艇・航空機を用いた日韓合同捜索救助訓練を実施しました。

3 ロシア

海上保安庁とロシア連邦保安庁国境警備局は、海上での密輸・密航等の不法活動の取締り等に関する相互協力のため、平成12年に締結した「日本国海上保安庁とロシア連邦国境警備庁（現ロシア連邦保安庁国境警備局）と」の間の協力の発展の基盤に関する覚書」に基づき、これまでに長官級会合のほか、日露合同訓練等を実施し、実務レベルの必要な分野において協力しています。

4 インド

海上保安庁とインド沿岸警備隊は、平成11年に発生した、「アロンドラ・レインボー」号（日本人船長・機関長が乗船）がマラッカ海峡で**海賊**に襲われた事件で、インド沿岸警備隊が海軍と連携して**海賊**を確保したことを契機に、平成12年以降、定期的に、長官級会合や連携訓練を実施しており、平成18年に「海上保安庁とインド沿岸警備隊と」の間の協力に関する覚書」を締結し、連携・協力関係の強化を継続しています。

令和6年1月には、海上保安庁の巡視船がインド・チェンナイに入港し、インド沿岸警備隊との間で連携訓練、両機関の巡視船同士の相互訪問及び意見交換等を実施しました。

令和4年 日印海上保安機関長官級会談　　　　　　　　インド沿岸警備隊巡視船への訪問

5 ベトナム

平成27年9月、海上保安庁とベトナム海上警察（VCG）は、海上法執行機関として、安全で開かれ安定した海を維持することが両国の繁栄に寄与するとの価値観を共有し、海上保安分野に係る人材育成、情報の共有と交換の維持などについて協力覚書を締結しました。

令和5年10月2日～6日の間、日越外交関係樹立50周年の記念行事の一つとして、VCGの巡視船が、初めて神戸港に入港し、海上保安庁職員による救難手法の訓練展示（ワークショップ）、海上保安庁の施設見学や日越海難救助合同訓練等を実施しました。

また、令和5年12月にはベトナム海上警察副司令官が来日し対面での年次会合を実施、今年度の協力のふりかえり及び来年度以降の協力等について協議を行いました。

ベトナム海上警察副司令官来日　　　　　　　　　　　日越海難救助合同訓練

8 海をつなぐ

6 インドネシア

令和元年6月、海上保安庁とインドネシア海上保安機構（BAKAMLA）は、海上安全に係る能力向上、情報共有、定期的な会合の開催等に関し、両機関の連携強化を目的とした協力覚書を締結しました。（令和4年7月更新）

令和5年11月には、BAKAMLAとの間でオンライン形式による年次会合を開催し、今後の支援の方向性について合意しました。また、**世界海上保安機関長官級会合**のため来日したイルファンシャ長官とバイ会談を実施し、更なる連携・協力の深化を確認しました。

令和5年 日尼年次会合（オンライン）　　　　インドネシア海上保安機構（BAKAMLA）長官とのバイ会談

7 フィリピン

平成29年1月、海上保安庁とフィリピン沿岸警備隊（PCG）は、海上保安に関する人材育成、情報交換など、協力を行う分野を明確化し、両機関の更なる協力・連携関係の強化を目的とした協力覚書を締結しました。

令和5年6月には、PCG、米国沿岸警備隊（USCG）と初となる三機関合同訓練及び実務者会合を実施しました。また、同年12月には、**海洋状況把握（MDA）**に関する情報共有や多国間での合同訓練を行う際の手続き等を明確化する協力覚書の改定及び付属書への署名を行いました。

令和5年 日米比合同訓練

令和5年 日比長官級会合　　　　日比協力覚書交換式

8 オーストラリア

海上保安庁と豪内務省国境警備隊（ABF）は、2018年に海上安全保障分野の協力に関する意図表明文書に署名し、同分野における人材育成や情報共有等に関して連携を強化することに合意していたところ、令和5年3月に「自由で開かれたインド太平洋（FOIP）」の実現に向け、**MDA**に関する相互の連携・協力を発展させるため、「**海洋状況把握（MDA）に関する協力覚書**」に署名しました。

令和5年度は情報交換開始に向けて、**世界海上保安機関長官級会合（CGGS）**、**アジア海上保安機関長官級会合（HACGAM）**等を通じ、更なる連携強化を図ることを確認しました。

日豪協力覚書署名式

国際緊急援助活動について

我が国は、海外の地域、特に開発途上にある海外の地域において、大規模な災害が発生した場合、被災国政府又は国際機関の要請に応じ、救助や災害復旧等の活動を行う国際緊急援助隊を派遣しており、海上保安庁の職員も国際緊急援助隊の一員として派遣され、多くの災害事案等に対応しているほか、必要な訓練を実施しています。

令和5年　トルコにおける地震災害対応への救助チーム派遣　　令和5年　フィリピンにおける油流出災害対応による専門家チーム派遣

海上保安庁国際緊急援助隊派遣実績

救助チーム

	派遣先	派遣日程
都市型捜索救助活動		
1	エジプト（エジプト・ビル崩壊災害）	H8.10.30～H8.11.6　8日間　　4名
2	トルコ（トルコ南部地震災害）	H11.8.17～H11.8.24　8日間　　7名
3	台湾（台湾中部地震災害）	H11.9.21～H11.9.28　8日間　　13名
4	アルジェリア（アルジェリア地震災害）	H15.5.22～H15.5.29　8日間　　14名
5	モロッコ（モロッコ地震災害）	H16.2.25～H16.3.1　6日間　　5名
6	タイ（タイプーケット津波災害）	H16.12.29～H17.1.8　11日間　　13名
7	パキスタン（パキスタン地震災害）	H17.10.9～H17.10.18　10日間　　13名
8	中国（四川省地震災害）	H20.5.15～H20.5.21　7日間　　13名
9	インドネシア（スマトラ島パダン沖地震災害）	H21.10.1～H21.10.8　8日間　　13名
10	ニュージーランド（ニュージーランド南島での地震災害）	第1陣　H23.2.23～H23.3.3　9日間 第2陣　H23.2.28～H23.3.8　9日間 第3陣　H23.3.6～H23.3.12　7日間 　　25名
11	ネパール（ネパール中部地震災害）	H27.4.26～H27.5.9　14日間　　14名
12	メキシコ（メキシコにおける地震被害）	H29.9.21～H29.9.28　8日間　　14名
13	トルコ（トルコ地震災害）	R5.2.6～R5.2.15　10日間　　14名
その他の捜索救助活動		
1	マレーシア・オーストラリア（マレーシア航空機消息不明事案）	全派遣日程 H26.3.12～H26.4.4　24日間 マレーシア拠点捜索 H26.3.14～H26.3.25　12日間 オーストラリア拠点捜索 H26.3.26～H26.4.2　8日間 ガルフV1機・28名
	計	ガルフV1機・176名

専門家チーム（油防除専門家）

	派遣先	派遣日程
1	サウジアラビア（ペルシャ湾流出油回収）	第1陣　H3.3.30～H3.4.19　21日間 第2陣　H3.4.21～H3.5.11　21日間 　　3名
2	シンガポール（シンガポール石油流出災害）	H9.10.18～H9.11.1　15日間　　5名
3	フィリピン（ギマラス島沖油流出）	H18.8.22～H18.8.29　8日間　　3名
4	韓国（忠清南道沖油流出）	H19.12.15～H19.12.23　9日間　　3名
5	フィリピン（台風30号（ヨランダ）災害）	H25.12.4～H25.12.13　10日間　　4名
6	モーリシャス（モーリシャス沖油流出）	R2.8.10～R2.8.23　14日間　　4名
7	フィリピン（ミンドロ島沖油流出）	R5.3.10～R5.3.21　12日間　　5名
	計	27名

専門家チーム（器材取扱い指導等）

	派遣先	派遣日程
1	台湾（台湾東部地震災害）	H30.2.9～H30.2.11　3日間　　1名
	計	1名

今後の取組

海上保安庁は、「自由で開かれたインド太平洋」の実現に向けて、法の支配に基づく自由で開かれた海洋秩序の維持・強化のため、引き続き、二国間・多国間会合や合同訓練等を通じ、各国海上保安機関との連携・協力を推進していきます。

■本文中の**太字の語句**は、166ページからの「語句説明」に解説を掲載しています。

<table>
<tr><td>CHAPTER **II**</td><td># 諸外国への海上保安能力
向上支援等の推進</td></tr>
</table>

　主要な物資やエネルギーの輸出入のほとんどを海上輸送に依存する我が国にとって、海上輸送の安全確保は、安定した経済活動を支える上でも極めて重要です。

　しかしながら、世界的にも重要な海上交通路である**マラッカ・シンガポール海峡**やソマリア沖・アデン湾では**海賊**事案が発生するなど、航行の安全を脅かす事案が発生しています。

　海上保安庁では、東南アジアをはじめとした周辺国に対し、海上保安庁が有する知識技能を伝え、各国の海上保安能力の向上を目指した支援を通じ、海上輸送の安全確保に貢献しています。

令和5年度の現況

1　インド太平洋沿岸国への支援

　海上保安庁では、インド太平洋沿岸国の海上保安機関に対する海上保安能力向上支援を図るため、独立行政法人国際協力機構（JICA）や日本財団の枠組みを通じて、制圧、鑑識、捜索救難、潜水技術、油防除、海上交通安全、**海図**作製分野等に関する専門知識や高度な技術を有する海上保安官や能力向上支援の専従部門である海上保安庁**MCT**（Mobile Cooperation Team）を各国に派遣し支援しているほか、各国の海上保安機関の職員を日本に招へいして研修を実施しています。

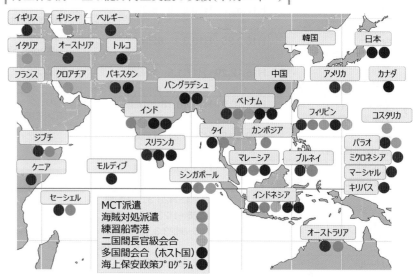

海上保安庁の主な能力向上支援の実績（平成28年～）

MCT派遣
海賊対処派遣
練習船寄港
二国間長官級会合
多国間会合（ホスト国）
海上保安政策プログラム

フィリピンに対する支援

　海上保安庁は、フィリピン沿岸警備隊（PCG）に対して、平成10年から、海上保安行政全般に関するアドバイザーとして、長期専門家を派遣しているほか、平成14年から平成24年までの10年間、長期専門家を追加派遣し、海難救助、海洋環境保全・油防除、航行安全、海上法執行、教育訓練の分野における人材育成支援のためのJICA技術協力プロジェクトを実施しました。平成25年からは、海上法執行実務の能力強化支援のためのJICA技術プロジェクトを開始し、長期専門家に加えて**MCT**等を派遣するなどして、法執行訓練、船艇の維持管理・運用の研修等を通じた能力向上支援を実施しています。

　令和5年度は、計7回**MCT**等をフィリピンに派遣し、我が国ODAでPCGに供与された97m級巡視船の乗組員に対する安全運航等に関する能力向上支援や、日米で連携しての制圧訓練、船舶整備研修等の能力向上支援を実施しました。

PCG巡視船上での搭載艇揚降訓練

インドネシアに対する支援

令和2年1月にインドネシア海上保安機構（BAKAMLA）を中心とした同国海上保安関係機関の能力向上支援のJICA技術協力が開始されて以来、海上保安庁では定期的にMCT等を現地に派遣するなどして支援を実施しています。

令和5年8月及び令和6年2月にはMCT等を現地に派遣し、油流出事案における対応に関する講義や机上訓練、海上法執行に関する研修や制圧訓練を実施しました。

このような現地派遣による対面での支援を行ったほか、令和5年8月には、BAKAMLA主催のオンライン研修にMCTが講師として参加し、捜索救助及び油防除に関する講義を行いました。

また、オンラインでの定期会合を通じ、今後の支援方針などについて相互理解に努めています。

マレーシアに対する支援

海上保安庁は、マレーシア海上法令執行庁（MMEA）が設立される前の平成17年から長期専門家を現地に派遣して、組織体制作りや人材育成のためのJICA技術協力プロジェクトを実施しています。平成23年7月からは、海上法執行、海難救助、教育訓練分野を強化するため長期専門家を派遣し、組織犯罪等の情報収集・分析・捜査や特殊救難技術に関するセミナーや研修訓練等を実施しています。

令和5年11月から12月には、MMEAの幹部候補職員を日本へ招へいし、海上保安庁の主要施設を見て回ることにより、MMEAの今後の組織運営の能力向上に寄与しました。また、現地の活動としては、8月に海上保安大学校准教授等を派遣して捜索救助に関する講義を実施しました。潜水分野の支援として、6月にMMEA潜水指導者を日本へ招へいして海上保安大学校における当庁の**潜水士**養成研修を視察したことに加え、令和6年2月から3月にかけて、海上保安大学校教授、同潜水教官、**特殊救難隊**員及び**潜水士**を現地に派遣して、MMEAの潜水指導者及び**潜水士**に対して技術指導を実施しました。

ベトナムに対する支援

海上保安庁は、平成27年9月に締結したベトナム海上警察（VCG）との協力覚書に基づき、MCT等を派遣してVCGの能力向上を支援しています。

また、令和2年9月からVCGの能力強化のためのJICA技術協力が開始され、海上保安庁では、定期的にMCT等

を派遣して支援を実施しています。

令和5年9及び12月にはMCTを現地に派遣して、VCG巡視船を使い違法薬物事案を想定した立入検査訓練や制圧訓練等を実施しました。

ジブチに対する支援

海上保安庁は、独立行政法人国際協力機構（JICA）による「ジブチ沿岸警備隊能力拡充プロジェクト」の一環として、平成25年から定期的に短期専門家を派遣するなどして、海上法執行の分野における能力向上を支援しています。

令和5年度は、7月、10月、令和6年2月の計3回MCTを現地に派遣し、海上法執行等に関する能力向上支援を実施しました。

ジブチ沿岸警備隊職員に対する制圧訓練

スリランカに対する支援

海上保安庁では、平成26年度から、**機動防除隊**等をスリランカ沿岸警備庁（SLCG）に派遣して、油防除に関する能力向上支援を行っています。

令和4年7月から、SLCGにおける油防除技術の指導者を育成するためのJICA技術協力プロジェクトが開始され、三カ年かけて指導者候補者を対象とした能力向上支援を実施しています。

このプロジェクトの一環として、令和5年8月及び9月には、SLCGと昨年度の活動の振返り及び今後の活動における打合せを実施し、令和6年2月には、現地にMCT及び**機動防除隊**等を派遣して、油防除に関する技術指導を実施しました。

太平洋島嶼国に対する支援

海上保安庁は、平成30年からパラオ海上警備・魚類野生生物保護部（DMSFWP）*に対して、海上保安アドバイザーを派遣するとともに、平成31年からは、MCTを定期的に派遣するなどして、日本財団から同国に供与されたパ

トロール艇を活用した研修等を実施し、海難救助や海上法執行の分野における能力向上支援を実施しています。

　令和5年8月には、日本財団及び笹川平和財団の支援の下、**MCT**をパラオに派遣し、米豪両政府と連携してDMSFWP職員に対する海面漂流者救助や小型船の**えい航**に関する訓練を実施しました。

＊ 令和3年9月30日から「海上法令執行部（DMLE）」から「海上警備・魚類野生生物保護部（DMSFWP）」に名称変更

　6月には、MCT等をキリバス共和国に初めて派遣し、海上自衛隊及び豪州政府と連携して、キリバス警察海洋部職員に対し、立入検査訓練等を実施しました。

　令和6年1月には、**MCT**等をミクロネシア連邦、マーシャル諸島共和国へ初めて派遣し、豪州政府と連携して能力向上支援を実施しました。

キリバスにおける小型ボートによる接舷訓練

複数国に対する支援

1　アジア・大洋州沿岸国への支援

　開発途上国の海上交通安全を図るため、主にアジア・大洋州を対象に、平成15年からシンガポールにおいてJICA第三国研修を実施しています。この研修は日本とシンガポールとの政府間協定に基づき、海上交通に関する世界的な基準や日本とシンガポールでの取組などを対象国の政府機関等の職員に共有するものです。海上保安庁は、毎年同研修に講師を派遣しており、令和5年度までに、延べ31か国の400名に対し研修を実施しました。

2　ASEAN諸国への支援

　ASEAN周辺海域は、**マラッカ・シンガポール海峡**など多数の貨物船が行き交う国際的な海上交通路を有しており、日本に向かう原油タンカーの9割近くが通過するなど日本の生命線となっています。

　近年、ASEAN諸国の経済成長に伴う港湾の発展、船舶の大型化・高速化・通航隻数の増加、急激な気候変動による自然災害の増加など、ASEAN周辺海域をとりまく環境が大きく変化しており、海上保安庁は同海域における船舶の安全を守るため、関係機関と連携し様々な支援を実施しています。

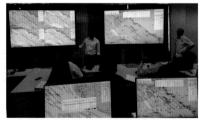

ASEAN地域訓練センターにおける訓練状況

しています。

　海上保安庁は、関係機関と連携してASEAN地域訓練センターの設立に主導的な役割を果たすとともに、機材の維持管理、研修内容の調整など運営全般において支援を継続しています。

●VTS（Vessel Traffic Service）センターの人材育成

　ASEAN諸国ではレーダーや無線などを活用して船舶の管制や情報提供を実施するVTSセンターの整備が進んでいますが、一方で同センターを運用する人材不足が課題となっています。このため日本は、日ASEAN交通連携の枠組みのもと、ASEAN共同の研修施設として平成29年7月にマレーシアにASEAN地域訓練センターを設立し、ASEAN10か国のVTS管制官等を育成する研修を実施

●マラッカ・シンガポール海峡共同測量への技術的協力

　マラッカ・シンガポール海峡における通航量の増大及び通航船舶の大型化に対応するため、最新技術による同海峡の精密水路測量と電子**海図**の高度化について、沿岸3か国（マレーシア、インドネシア、シンガポール）からの協力要請を受け、海上保安庁は、関係機関と協力しつつ、水路測量に係る技術的な協力を行っています。本プロジェクトでは、**マラッカ・シンガポール海峡**の分離通航帯全域を対象とした水路測量の実施及び電子**海図**の更新を行いました。

3 ソマリア沖・アデン湾沿岸国に対する支援

　海上保安庁では、ソマリア沖・アデン湾の沿岸国に対しても、東南アジア諸国への支援の経験を踏まえた様々な支援を行っています。

　令和5年6月から7月にかけて、独立行政法人国際協力機構（JICA）の協力のもと、JICA課題別研修（海上犯罪取締り）を開催し、アジア・アフリカ等の海上保安機関の現場指揮官クラスを招へいし、**海賊**対策をはじめとする海上犯罪取締り能力を強化することを目的とした国際犯罪の取締り等に関する講義等の研修を行いました。この研修は、「**海賊**対策国際会議」（平成12年4月・東京）の中で合意された「アジア**海賊**対策チャレンジ2000」に基づき行われているもので、平成13年度の開始から今年で23回目となり、これまでに計38か国1地域、397名を受け入れています。平成20年度以降は、ソマリア周辺海域における**海賊**対策強化の必要性が高まったことを受け、アジア諸国のほか、中東、東アフリカ諸国の海上保安機関職員を招へいしています。

4 各国水路機関への支援

　海上保安庁では、昭和46年から、独立行政法人国際協力機構（JICA）と協力し、アジアやアフリカなどの開発途上国において水路測量業務に従事する水路技術者を対象とした課題別研修を毎年実施し、途上国の**海図**作製能力を向上させることで、世界における航海の安全に貢献しています。これまでに、45か国から約460名の水路技術者が本研修に参加し、各国の水路業務分野で活躍する人材を輩出してきました。

　新型コロナウイルス感染症の世界的流行の影響を受け、令和4年度の研修は一部オンラインを活用しておりましたが、令和5年度は全ての研修を対面にて開催しました。

　本研修は、JICAが実施する本邦研修のうち、国際資格が取得できる唯一の研修です。本研修を修了した研修員には、水路測量国際B級資格※が付与され、修了者の多くが各国水路当局の幹部として活躍しています。

※ 各国の教育機関が実施する水路測量技術者養成コースに対し、水路測量等の国際基準を定める国際委員会（IBSC）により認定される資格で、国際A級、B級の2つに分かれる。

JICA課題別研修「海図作成技術コース」の研修状況

5 海上保安政策プログラム

　アジア諸国等の海上保安機関の相互理解の醸成と交流の促進により、海洋の安全確保に向けた各国の連携協力、認識共有を図るため、平成27年10月、海上保安政策に関する修士レベルの教育を行う「**海上保安政策プログラム**」（Maritime Safety and Security Policy Program）を開講し、アジア諸国の海上保安機関職員を受け入れて能力向上支援を行っています。本プログラムでは、その教育を通じ、①高度の実務的・応用的知識、②国際法・国際関係についての知識・事例研究、③分析・提案能力、④国際コミュニケーション能力を有する人材を育成することを目指しています。

　本プログラム卒業生には、海上保安分野の国際ネットワーク確立のための主導的役割を発揮することが期待され、現在、第9期生（バングラデシュ、インドネシア、マレーシア、フィリピン、スリランカ、日本）が、高い知識の習得と共有認識の形成に向け日々研鑽を続けています。なお、本プログラムは、海上保安大学校、政策研究大学院大学、独立行政法人国際協力機構（JICA）及び日本財団が連携・協働して実施しています。

| 政策プログラム　構造図 |

概 要

政策プロフェッショナルの養成
前半6ヶ月　於：東京都港区（10月〜）

連携

独立行政法人
国際協力機構
海外研修生の
生活面を支援

海上保安庁幹部職員の養成
後半6ヶ月　於：広島県呉市（4月〜）

協働

日本財団HP

国別参加実績

	平成28年2期生	平成29年3期生	平成30年4期生	令和元年5期生	令和2年6期生	令和3年7期生	令和4年8期生	令和5年9期生	合計／人
インドネシア	1	0	0	0	0	0	1	2	6
マレーシア	2	3	2	1	0	0	0	1	11
フィリピン	2	1	1	1	2	0	1	2	12
ベトナム	0	0	1	0	0	0	0	0	3
スリランカ		1	2	2	2	2	1	2	12
インド			1	1	0	0	1	0	3
タイ				1	1	0	0	0	2
バングラデシュ						2	0	1	3
モルディブ							1	0	1
日本	1	2	2	2	2	2	2	2	16
合計	6	7	9	8	7	5	7	10	69

海上保安政策プログラムのこれまでの歩み

平成27年10月	海上保安政策プログラムの開講
平成28年9月	● 第1期生が学位修士（政策研究）を取得 ● 安倍総理大臣を表敬訪問
平成29年9月	修了生を招へいし、世界海上保安機関長官級会合にオブザーバー参加
平成30年8月	修了生を招へいし、安倍総理大臣を表敬訪問
令和元年11月	● 修了生を招へいし、世界海上保安機関長官級会合にオブザーバー参加 ● 安倍総理大臣と記念撮影
令和3年8月	菅総理大臣表敬訪問
令和4年9月	岸田総理大臣表敬訪問
令和5年8月	岸田総理大臣表敬訪問
令和5年10月	第9期生開講

法の支配に基づく自由で開かれたインド太平洋の実現に向けて
〜第73回国連総会における安倍総理大臣一般討論演説（抄）〜

● 太平洋とインド洋、「2つの海の交わり」に、ASEAN諸国があります。
（略）私が「自由で開かれたインド太平洋戦略」を言いますのは、まさしくこれらの国々、（略）、インドなど、思いを共有するすべての国、人々とともに、開かれた、海の恵みを守りたいからです。

● 洋々たる空間を支配するのは、制度に裏打ちされた法とルールの支配でなくてはなりません。そう、固く信じるがゆえにであります。
先日、マレーシア、フィリピン、スリランカから日本に来た留学生たちが、学位を得て誇らしげに帰国していきました。学位とは、日本でしか取れない修士号です。

● 海上保安政策の修士号。目指して学ぶのは、日本の海上保安庁が送り出す学生に加え、アジア各国の海上保安当局の幹部諸君で、先日卒業したのはその第3期生でした。

● 海洋秩序とは、力ではなく法とルールの支配である。そんな普遍の心理を学び、人生の指針とするクラスが、毎年日本から海に巣立ちます。実に頼もしい。自由でオープンなインド・太平洋の守り手の育成こそは、日本の崇高な使命なのです。

自由で開かれたインド・太平洋

（平成30年9月25日）

令和元年11月21日 海上保安政策プログラム
在学生・修了生と安倍総理大臣との記念撮影
（第2回世界海上保安機関長官級会合）

令和5年8月22日　岸田総理大臣表敬（第8期生）

今後の取組

　海上保安庁は、各国の海上保安機関設立時の支援や、長官級による会合を主導するとともに、これまで東南アジアから延べ2,000名以上の研修員を本邦へ招へいするなどし、また33か国へ延べ1,100名以上の職員を派遣して、地域の海上保安能力向上に貢献しています。今後も、**海上保安政策プログラム**をはじめ、各種枠組みを通じた連携・協力を推進し、能力向上に関する更なる支援を実施していきます。

COLUMN 19 フィリピンで活躍する海上保安政策プログラム 第1期生3名からのメッセージ

総務部教育訓練管理官

海上保安政策プログラム（MSP）の第1期生（2016年修了）3名が、フィリピンで再会し、それぞれの立場で、固い絆を活かしながら活躍しています。

法の支配と同期の絆　　（MSP第1期生:フィリピンコーストガード　ジェイ・タリエラ氏）

2015年、私は**MSP**に第1期生として参加し、法の支配の重要性とアジアの海上保安機関の連携強化の可能性について貴重な知見を得ました。

現在、フィリピンコーストガード（PCG）において、本庁人事課長、海洋安全保障に関する長官アドバイザー及び報道官（南シナ海問題担当）として、高度な意思決定を要するチャレンジングな状況に日々直面していますが、**MSP**で学んだ「法の支配」の概念は、PCGが法執行機関として効果的に機能するよう、私が政策を提言するうえで、かけがえのないものとなっています。

また、**MSP**で得た知識と経験を次世代のリーダーとなる職員に共有し、彼らがリーダーシップを発揮して国際協力の課題に取り組む意欲と力を与えられるように熱意を持って取り組んでいるところです。

私のこのキャリアにおける最も大切な財産は、**MSP**の同期でもある海上保安庁（JCG）の米沢さん、小野寺さんといった尊敬すべき同僚たちからの揺るぎないサポートと協力です。JCGによるPCGの能力向上や日本からの巡視船提

供などにおける彼らからの献身的な支援は、両機関間の協力を促進する上で重要な役割を果たしており、海上の安全と秩序を強化するためには強固な友情と連携を育むことが重要であることを示しています。

最後になりますが、**MSP**での経験は私のリーダーシップを形作っただけでなく、海上の安全と秩序を確保するための協力、相互尊重、そして法の支配を提唱する道へと私を導いていただきました。このことを光栄に思うと共に、深く感謝しています。今後も、**MSP**同期との強い友情を育みながら、「法の支配」の原則を守り、そして、アジア各国の海上保安機関との関係を強化することに尽力していきます。

海を繋ぐ友情航路　　（MSP第1期生:在フィリピン大使館　米沢一等書記官）

ジェイ・タリエラ氏はPCGにおいて歴代最年少で准将に昇進し、PCGと各国との連携強化の中心的存在として、世界中を飛び回っており、なかなか会うことができないほど、多忙な業務をこなしていますが、**MSP**の同期生として、家族ぐるみの付き合いが続いており、困ったときに連絡を取り合える関係は互いにとってかけがえのない大切なものと感じています。

MSPは、海上保安官を含む、10か国59名の修了生を輩出しており、その繋がりは同期のみならず、他の期の他国の修了生にも及んでいます。大使館職員として勤務する現在においても、それぞれの機関で幹部となっていく仲間からの情報やアドバイスは大きな支えとなっています。

この絆を大切にし、今後も国際的な海上保安業務の発展に貢献していきたいと心から感じています。

信頼で世界をつなぐ　　（MSP第1期生:JICA　小野寺長期専門家）

現在、JICAの長期専門家として、PCGの能力向上支援に携わっています。PCGには**MSP**の修了生が8名勤務しており普段から連絡を取り合っています。とりわけ私のカウンターパートとなるPCG本庁の教育訓練課長は**MSP**第6期生ということもあり、緊密に連絡を取り合いながらPCGの能力向上支援に当たることができています。また、ジェイ・タリエラ氏をはじめ多くの**MSP**修了生が重要ポストで勤務しており、彼らとの本音の意見交換を通して彼らが真に求める

支援を知ることができているのではないかと思います。この**MSP**の繋がりは専門家としての業務に大いに役立っていると感じているところです。

JICAの組織のビジョンは「信頼で世界をつなぐ」ですが、**MSP**で構築した信頼関係をもとに、引き続き、JCGとPCGをつなぐ架け橋となって、フィリピンの海上保安分野の更なる発展を目指し、邁進していきます。

海をつなぐ

COLUMN
20

MCTパラオ派遣奮闘記
～熱さと暑さ～

総務部国際戦略官

MCT（Mobile Cooperation Team）では、外国の海上保安機関に対して様々な能力向上支援を実施しています。2023年8月には、日本財団及び笹川平和財団の支援により、約2週間、パラオにMCT4名を派遣して救難に関する技術の支援を行いました。今回、派遣隊員4名は総員**潜水士**OB（うち2名は**特殊救難隊**OB）という、万全の体制で派遣に臨みました。

当庁の「救魂」を伝授すべく熱い気持ちを持って挑んだ隊員でしたが、パラオは北緯7度30分に位置し、8月は雨期とはいえ強烈な日差しが降り注ぐ中での洋上訓練、日本人の肌には厳しすぎる想定外の環境に悩まされました。

ゴムボートに乗船して終日救難の指導を担当した50代隊員は、日焼け対策を怠ったため肌は真っ赤に焼け、研修生から「Are you OK?」「Wahaha!」と心配（笑われ）されるしまつ。ヒリヒリと痛さに耐えながら1週目を乗り越えたところで、途中帰国する笹川平和財団職員から余った日焼け止めをいただき、2週目は真っ白になるほどに日焼け止めを塗りまくり、何とか派遣を終えることができました。

そんな世界各地での様々な環境や困難を乗り越え、MCTは2024年1月のミクロネシア・マーシャル諸島への派遣で、MCT発足後、通算派遣回数100回を達成しました。今後も、世界各地への派遣に備え、業務に励みます。

副大統領兼法務大臣表敬訪問

ファイバーライトクレードル取扱訓練

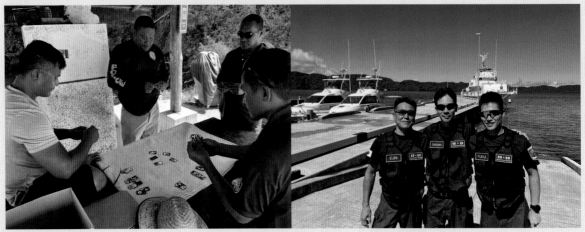

パラオ人は誰でも花札ができるとか…

派遣隊員

CHAPTER Ⅲ 国際機関との協調

海に関して、関係各国が連携・協調しつつ、各国が有する知識・技能を世界共通のものとしていくため、様々な分野の国際機関が存在します。海上保安庁では、様々な業務を通じて得られた知識・技能を活かし、国際社会に貢献するため、これらの国際機関の取組に積極的に参画しています。

令和5年の現況

1 国際海事機関（IMO）での取組

IMOは、船舶の安全や船舶からの海洋汚染の防止等の海事問題に関する国際協力を促進するために設立された国連の専門機関で、現在175の国が正式加盟国、3地域が準加盟となっています。

令和5年には、IMOの委員会である海上安全委員会（MSC）、その下部組織である航行安全・無線通信・捜索救助小委員会（NCSR）及び海洋環境保護委員会（MEPC）、MEPCの下部組織である汚染防止・対応小委員会（PPR）等に出席し、航行の安全及び船舶からの汚染の防止・規制に係る事項等の国際議論に貢献しました。

和歌山県潮岬沖における新たな推薦航路の運用開始
～船舶交通の安全をより一層確保するために～

令和4年11月、**国際海事機関（IMO）** の第106回海上安全委員会において、我が国が提案した和歌山県潮岬沖における推薦航路が採択されました。

推薦航路とは、海上人命安全条約（SOLAS条約）第Ⅴ章第10規則に基づき、IMOが指定する航路の一つで、航路の中心線を定め行き会う船舶が進行方向の右側を航行するよう推奨することで、船舶交通の整流化を図るものです。

和歌山県潮岬沖の推薦航路は、我が国で2例目となる航路であり、令和5年6月1日午前9時（日本時間）から運用を開始しました。

なお、推薦航路の運用開始に伴い、航路の各基点にバーチャルAIS航路標識（船舶の航海用レーダー画面上に航路標識が実在するかのように表示させるシンボルマーク）を明示するとともに、**海図** にも掲載することで、船舶の運航者が推薦航路を認知できるようにしています。

和歌山県潮岬の沿岸は、東京湾、伊勢湾、大阪湾などを結ぶ海上交通の要衝で、外国船舶を含む船舶の通航量が多く、加えて漁業活動も活発な海域ですが、推薦航路の設定により安全性の向上が期待されます。

海上保安庁では、引き続き**AIS** を活用した航行安全システムを運用し、船舶交通の安全確保に努めていきます。

2 国際水路機関（IHO）での取組

IHOは、より安全で効率的な航海の実現のため、**海図** などの水路図誌の国際基準策定、水路測量技術の向上や各国水路当局の活動の協調を目的とし昭和45年に設立された国際機関で、現在99か国が加盟しています。

令和5年4月には、IHOの最高意思決定機関である第3回総会がモナコで開催されました。我が国はIHOの運営や計画に係る重要議題について積極的に発言し、日本のプレゼンスを示すとともに、IHO活動方針の決定に貢献しました。

また、令和5年7月には、海上保安庁海洋情報部長がIHO理事会副議長に選出されました。同年10月に開催さ

れた第7回IHO理事会では、副議長である海洋情報部長が次期IHO戦略計画の策定に向けた調整を担うことで合意されたほか、理事国として出席した我が国は、航海安全情報の策定やIHO事務局業務のデジタル化などのIHOの重要な施策について検討する複数の作業部会への参加を表明しました。

このほかにも、令和5年6月には、IHO内で地域間の調整を行っている地域間調整委員会(IRCC)及びキャパシティ・ビルディング小委員会(CBSC)の会議を初めて日本で開催するなど、IHOの会議運営にも貢献しています。

また、IHOは、地域的な連携の促進や課題の解決のため、世界の各地域に地域水路委員会を設置しています。海上保安庁は東アジア水路委員会(EAHC)に昭和46年設立当時から加盟し、常設事務局として議長国を支援しながら、50年以上にわたり水路測量や海図作製に係る域内の技術向上や航海安全に取り組み、EAHCの活動や運営に尽力しています。

令和5年には、IHOとユネスコ政府間海洋学委員会(IOC)が共同で設置し、世界の海底地形名を標準化する「海底地形名小委員会」が開催され、日本提案の海底地形名11件が承認されました。同委員会では、海上保安庁海洋情報部技術・国際課海洋研究室長が議長を務めています。

第3回IHO総会の様子　　第7回IHO理事会の様子

3　国際航路標識協会(IALA)での取組

IALAは、航路標識の改善、船舶交通の安全等を図ることを目的とした国際的な組織で、現在89か国の国家会員その他工業会員等が加盟しています。また、そのうち24か国は理事国に選任され、国際基準等の承認手続きを行っており、日本は昭和50年から理事に選任され、令和5年に開催された総会でも再選を果たしたことにより12期連続での選出となりました。加えて、IALAの常設技術委員会の一つであるデジタル技術委員会(DTEC)委員会(令和5年にENAV委員会から改称)議長に交通部企画課国際・技術開発室専門官が、平成28年から就任しています。これは航行援助分野における国際活動に対する海上保安庁の取組及び同委員会議長としてのこれまでの実績が評価されたものです。

国際航路標識協会(IALA)の総会等への参加 およびIALA会合の東京開催

1. 令和5年6月3日、4年に一度開催されるIALA総会がリオデジャネイロ(ブラジル)において開催され、3名の職員が参加しました。海上保安庁は昭和34年にIALAに加入し、昭和50年に初めて理事として選出されて以降、同ポストを獲得し続けており、この度の総会での再選により12期連続で理事を務めることとなりました。また同日、総会後の新たな理事による理事会が開催され、常設技術委員会の1つであるデジタル技術(DTEC)委員会議長(ENAV委員会からこの度の理事会で改称)に当庁職員が再選されました。

2. 近年の加盟国増加及び新技術の発展に対応する航行援助分野の国際標準化の重要性の増大を背景に国際機関としての地位を確立することの必要性が認識されるようになり、IALAは令和2年国際航路標識機関条約案を採択しました。これに関連して、令和5年11月7日～10日の間、海上保安庁の主催のもと、同条約に基づく機関の運営に関する規則案を作成する会合を東京で開催しました。

当庁職員によるプレゼンテーション　　IALA総会の様子

海上保安庁長官開会挨拶　　IALA会合東京開催の様子

4 アジア海賊対策地域協力協定・情報共有センター（ReCAAP－ISC)での取組

アジア**海賊**対策地域協力協定(ReCAAP)とは、我が国の主導で締結されたアジアの**海賊**・海上武装強盗問題に有効に対処するための地域協力を促進するための協定です。この協定に基づき、情報共有、協力体制構築のため、平成18年にシンガポールに情報共有センター（ISC)が設立されました。設立以来、海上保安庁は、このISCへ職員1名を派遣し、**海賊**情報の収集・分析・共有及び法執行能力向上支援を積極的に推進しており、令和5年9月には、締約国の**海賊**対策担当組織幹部等が出席する会議「Capacity Building Executive Programme (CBEP)」(シドニーで開催)に参画するなど、アジア地域における**海賊**対策に係る各種取組を推進しています。

Capacity Building Executive Programme(CBEP)の様子

5 北西太平洋地域海行動計画(NOWPAP)での取組

NOWPAPは国際連合の機関である国連環境計画(UNEP)提唱のもと、閉鎖水域の海洋汚染の管理及び資源の管理を目的とした地域海計画(RSP)の一つで、北西太平洋地域4か国（日本、韓国、中国及びロシア）により採択されています。海上保安庁は、この計画の中でデータ情報ネットワークに関する地域活動センター（DINRAC)、海洋環境緊急準備・対応に関する地域活動センター（MERRAC)において会合等に参加し、同地域の海洋汚染の防止および海洋環境保全のための取組に積極的に関与・貢献しています。

研修での説明の様子

6 国連薬物・犯罪事務所(UNODC)との連携

UNODCはグローバル海上犯罪プログラム(GMCP)を通じて、自由で開かれたインド太平洋(FOIP)を推進するため、インド太平洋地域において、**海洋状況把握（MDA）**の能力強化に関する技術支援等を提供しており、海上保安庁はそのプログラムの1つである**MDA**研修に、2022年から職員を講師として派遣しています。

令和5年度は東南アジア及び太平洋島嶼国にて海上法執行機関に対して当庁の**MDA**に関する取組事例を交えた研修を実施し、令和5年12月にはインドネシアで航空機を活用した研修を初めて行いました。また同年6月には東南アジアの海上法執行機関職員を本邦へ招へいのうえ、**MDA**担当者訪日プログラムが開催され、JAXA筑波宇宙センターでの施設見学等に加え、海上保安庁からは業務説明等を実施しました。

他にもUNODC-GMCPへの協力として、同年7月に**MCT**を派遣して船舶移乗・立入検査訓練をスリランカで実施したほか、同年8月には職員を講師として派遣しデジタルフォレンジック研修をインドネシアで行うなど継続的な協力、支援をしています。

当庁航空機を活用した研修の様子　　　　　　　船舶移乗訓練の様子

語句説明・索引

サ行

語句説明・索引

メディカルコントロール体制 077

　救急救命士及び救急員が実施する救急救命処置等は、救急医療の進歩に伴い、処置範囲が拡大する傾向にあり、これらの救急救命処置等を医学的・管理的観点から保障する体制のことをいいます。海上保安庁では、平成17年に「海上保安庁メディカルコントロール協議会」を発足させ、医師からの直接指示、実施した救急救命処置等に関する事後検証、さらに病院における研修訓練について検討し、救急救命処置等の質の向上を図っています

ヤ行

薬物・銃器関係法令 083

　薬物関係法令及び銃器関係法令をあわせたものです。薬物関係法令には「覚醒剤取締法」、「麻薬及び向精神薬取締法」等が、銃器関係法令には「銃砲刀剣類所持等取締法」、「火薬類取締法」等があります。

ラ行

領海 ... 012, 013, 024, 052, 053, 056, 062, 088, 098, 099, 100, 101, 103, 106, 108, 111, 126, 128, 129

　領海の基線からその外側12海里（約22km）の線までの海域で、沿岸国の主権が及びますが、領海に対する主権は国連海洋法条約及び国際法の他の規則に従って行使されます。すべての国の船舶は、領海において無害通航権を有します。また、沿岸国の主権は、領海の上空、海底及び海底下にまで及びます。

領海の基線 009, 099, 107

　領海の幅を測る基準となる線です。通常は、海岸の低潮線（干満により、海面が最も低くなったときに陸地と水面の境界となる線）ですが、海岸が著しく曲折しているか、海岸に沿って至近距離に一連の島がある場所には、一定の条件を満たす場合、適当な地点を結んだ直線を基線（直線基線）とすることができます。

アルファベット

AIS（船舶自動識別装置）... 018, 137, 163

　Automatic Identification System：船舶の位置、速力、針路等の情報及び安全に関する情報をVHF（超短波）帯の電波で送受信するもので、船位通報の自動化、運航者の労力軽減及び通信のふくそう化の防止並びに船舶相互の衝突防止等が期待されるシステムです。国際航海に従事する旅客船と300トン以上の船舶、国内航海に従事する500トン以上の船舶に搭載が義務付けられています。

AOV（自律型海洋観測装置）.............. 024, 106, 108, 126

　Autonomous Ocean Vehicle：波の上下動を動力源として活動する無人観測機器で、観測や通信には太陽電池を使用するため、洋上において長期の海象や気象の観測を行うことができます。

AUV（自律型潜水調査機器）... 106

　Autonomous Underwater Vehicle：海底近傍まで潜航のうえ、プログラムされた経路を自動航走しつつ、調査を行うことで、精密なデータが取得できます。

CGGS（世界海上保安機関長官級会合）
.... 004, 008, 063, 148, 154

　Coast Guard Global Summit：世界各国の海上保安機関等が、地域の枠組みを超え、法の支配に基づく海洋秩序の維持など基本的な価値観を共有し、力を結集して地球規模の課題に取り組むため、我が国の提唱により平成29年から実施しています。

ECDIS（電子海図表示システム）......................... 130, 132

　Electronic Chart Display and Information System：航海用電子海図を表示するシステムのことです。従来の紙海図の情報に加えて、画面上に自船等の位置や速力、針路等の情報を表示することができます。

EEZ（排他的経済水域）..... 013, 088, 089, 098, 099, 104, 105, 106, 107, 108, 111, 126, 128, 129

　Exclusive Economic Zone：原則として領海の基線からその外側200海里（約370km）の線までの海域（領海を除く。）並びにその海底及びその下です。なお、排他的経済水域においては、沿岸国に以下の権利、管轄権等が認められています。
1. 海域並びにその海底及びその下における天然資源の探査、開発、保存及び管理等のための主権的権利
2. 人工島、施設及び構築物の設置及び利用に関する管轄権
3. 海洋の科学的調査に関する管轄権
4. 海洋環境の保護及び保全に関する管轄権

ENC（航海用電子海図）... 130, 132

　Electronic Navigational Chart：航海用海図（紙海図）の内容を国際水路機関（IHO）が規定した国際基準に従ってデジタル化したものです。ECDIS（電子海図表示システム）を用いて表示されます。

GMDSS
（海上における遭難及び安全に関する世界的な制度）
.... 074

　Global Maritime Distress and Safety System：衛星通信技術やデジタル通信技術を利用することによって、船舶が世界中どこを航行していても遭難・安全に関する通信等をより迅速・確実に行うことができる通信システムであり、突然の海難に遭遇した場合でも自動的にまたは簡単な操作でいつでもどこからでも遭難警報の伝達が可能です。

HACGAM（アジア海上保安機関長官級会合）
.... 150, 154

　Heads of Asian Coast Guard Agencies Meeting：アジアでの海上保安業務に関する地域的な連携強化を図ることを目的とした多国間の枠組みであり、22か国・1地域・2機関が参加しており、平成16年に我が国の提唱により第1回会合を開催して以降、毎年有志国のホストにより開催されています。

IALA（国際航路標識協会）... 164

　International Association of Marine Aids to Navigation and Lighthouse Authorities：世界の航路標識の改善や統一等により、船舶交通の安全で経済的かつ能率的な運航に寄与することを目的とした非政府組織として昭和32年に発足したものです。海上保安庁は、昭和34年にこれに加盟し、昭和50年からは理事も務めています。

語句説明・索引

図表索引

資料編

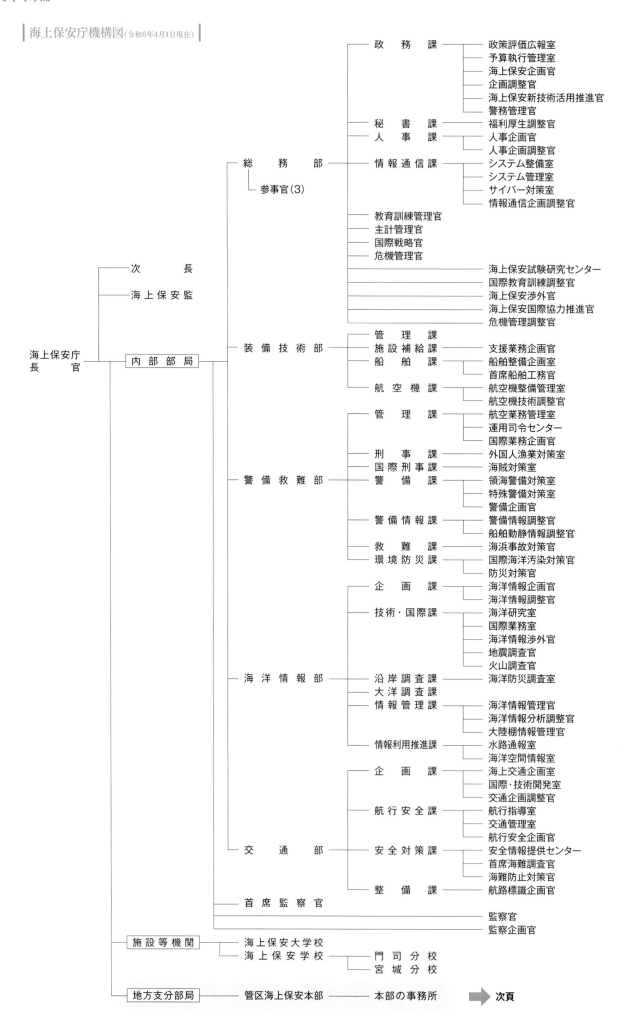

海上保安庁長官

次　長

海上保安監

内部部局
- 総務部
  - 参事官（3）
  - 政務課
    - 政策評価広報室
    - 予算執行管理室
    - 海上保安企画官
    - 企画調整官
    - 海上保安新技術活用推進官
    - 警務管理官
  - 秘書課
    - 福利厚生調整官
  - 人事課
    - 人事企画官
    - 人事企画調整官
  - 情報通信課
    - システム整備室
    - システム管理室
    - サイバー対策室
    - 情報通信企画調整官
  - 教育訓練管理官
  - 主計管理官
  - 国際戦略官
  - 危機管理官
  - 海上保安試験研究センター
  - 国際教育訓練調整官
  - 海上保安渉外官
  - 海上保安国際協力推進官
  - 危機管理調整官
- 装備技術部
  - 管理課
  - 施設補給課
    - 支援業務企画官
  - 船舶課
    - 船舶整備企画室
    - 首席船舶工務官
  - 航空機課
    - 航空機整備管理室
    - 航空機技術調整官
- 警備救難部
  - 管理課
    - 航空業務管理室
    - 運用司令センター
    - 国際業務企画官
  - 刑事課
    - 外国人漁業対策室
  - 国際刑事課
    - 海賊対策室
  - 警備課
    - 領海警備対策室
    - 特殊警備対策室
    - 警備企画官
  - 警備情報課
    - 警備情報調整官
    - 船舶動静情報調整官
  - 救難課
    - 海浜事故対策官
  - 環境防災課
    - 国際海洋汚染対策官
    - 防災対策官
- 海洋情報部
  - 企画課
    - 海洋情報企画官
    - 海洋情報調整官
  - 技術・国際課
    - 海洋研究室
    - 国際業務室
    - 海洋情報渉外官
    - 地震調査官
    - 火山調査官
  - 沿岸調査課
    - 海洋防災調査室
  - 大洋調査課
  - 情報管理課
    - 海洋情報管理官
    - 海洋情報分析調整官
    - 大陸棚情報管理官
  - 情報利用推進課
    - 水路通報室
    - 海洋空間情報室
- 交通部
  - 企画課
    - 海上交通企画室
    - 国際・技術開発室
    - 交通企画調整官
  - 航行安全課
    - 航行指導室
    - 交通管理室
    - 航行安全企画官
  - 安全対策課
    - 安全情報提供センター
    - 首席海難調査官
    - 海難防止対策官
  - 整備課
    - 航路標識企画官
- 首席監察官
- 監察官
- 監察企画官

施設等機関
- 海上保安大学校
- 海上保安学校
  - 門司分校
  - 宮城分校

地方支分部局
- 管区海上保安本部 ── 本部の事務所 ➡ 次頁

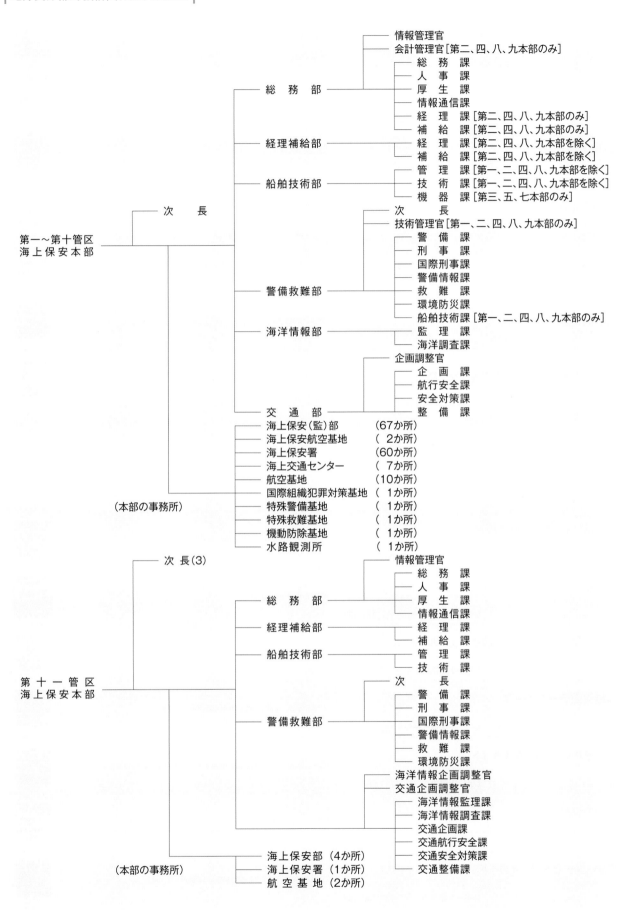

第一〜第十管区
海上保安本部

次　　長

情報管理官
会計管理官［第二、四、八、九本部のみ］

総　務　部
　総　務　課
　人　事　課
　厚　生　課
　情報通信課
　経　理　課［第二、四、八、九本部のみ］
　補　給　課［第二、四、八、九本部のみ］

経理補給部
　経　理　課［第二、四、八、九本部を除く］
　補　給　課［第二、四、八、九本部を除く］

船舶技術部
　管　理　課［第一、二、四、八、九本部を除く］
　技　術　課［第一、二、四、八、九本部を除く］
　機　器　課［第三、五、七本部のみ］

警備救難部
　次　　長
　技術管理官［第一、二、四、八、九本部のみ］
　警　備　課
　刑　事　課
　国際刑事課
　警備情報課
　救　難　課
　環境防災課
　船舶技術課［第一、二、四、八、九本部のみ］

海洋情報部
　監　理　課
　海洋調査課

交　通　部
　企画調整官
　企　画　課
　航行安全課
　安全対策課
　整　備　課

（本部の事務所）
海上保安（監）部　（67か所）
海上保安航空基地　（ 2か所）
海上保安署　（60か所）
海上交通センター　（ 7か所）
航空基地　（10か所）
国際組織犯罪対策基地　（ 1か所）
特殊警備基地　（ 1か所）
特殊救難基地　（ 1か所）
機動防除基地　（ 1か所）
水路観測所　（ 1か所）

第　十　一　管　区
海 上 保 安 本 部

次　長（3）

情報管理官

総　務　部
　総　務　課
　人　事　課
　厚　生　課
　情報通信課

経理補給部
　経　理　課
　補　給　課

船舶技術部
　管　理　課
　技　術　課

警備救難部
　次　　長
　警　備　課
　刑　事　課
　国際刑事課
　警備情報課
　救　難　課
　環境防災課

海洋情報企画調整官
交通企画調整官
海洋情報監理課
海洋情報調査課
交通企画課
交通航行安全課
交通安全対策課
交通整備課

（本部の事務所）
海上保安部　（4か所）
海上保安署　（1か所）
航 空 基 地　（2か所）

DATA

資料編

海上保安庁

ホームページ	https://www.kaiho.mlit.go.jp/	
ホームページ（英語版）	https://www.kaiho.mlit.go.jp/e/index_e.html	
X（旧Twitter）	https://twitter.com/JCG_koho	
YouTube	https://www.youtube.com/channel/UC3yxhEkCZKaDa-SdzaWECaQ	
Instagram	https://www.instagram.com/japan_coast_guard_/	
海上保安官採用ホームページ	https://www.kaiho.mlit.go.jp/recruitment/	
海上保安本部、海上保安部等リンク集	https://www.kaiho.mlit.go.jp/link/link.html	

関連サイト等

かいほジャーナル（電子版） レポート関連ページ ▶ 063	https://www.kaiho.mlit.go.jp/doc/hakkou/top.html	
海しる レポート関連ページ ▶ 117, 131, 139	https://www.msil.go.jp/	
水路通報・航行警報位置図ビジュアルページ レポート関連ページ ▶ 132, 146	https://www1.kaiho.mlit.go.jp/TUHO/vpage/visualpage.html	
海域火山データベース レポート関連ページ ▶ 126	https://www1.kaiho.mlit.go.jp/kaiikiDB/list-2.htm	
走錨事故防止ポータルサイト レポート関連ページ ▶ 123, 137	https://www.kaiho.mlit.go.jp/mission/kaijyoukoutsu/soubyo.html	
海の安全情報 レポート関連ページ ▶ 123, 142	https://www6.kaiho.mlit.go.jp/	
ウォーターセーフティガイド レポート関連ページ ▶ 139, 140, 142	https://www6.kaiho.mlit.go.jp/watersafety/index.html	
航路標識協力団体制度ホームページ レポート関連ページ ▶ 144, 145	https://www.kaiho.mlit.go.jp/soshiki/koutsuu/post-15.html	

海上保安レポート 2024

令和6年5月12日 発行　　　　定価は表紙に表示してあります。

編　集	海 上 保 安 庁
	〒100-8918
	東京都千代田区霞が関2-1-3
	電話 (03)3591-6361 (代表)

発　行	日経印刷株式会社
	〒102-0072
	東京都千代田区飯田橋2-15-5
	電話 (03)6758-1011 (代表)

発　売	全国官報販売協同組合
	〒100-0013
	東京都千代田区霞が関1-4-1
	電話 (03)5512-7400

ISBN978-4-86579-412-0

政府刊行物販売所一覧

政府刊行物のお求めは、下記の政府刊行物サービス・ステーション（官報販売所）
または、政府刊行物センターをご利用ください。

（令和5年3月1日現在）

◎政府刊行物サービス・ステーション（官報販売所）

	〈名　称〉	〈電話番号〉	〈FAX番号〉		〈名　称〉	〈電話番号〉	〈FAX番号〉
札　幌	北海道官報販売所（北海道官書普及）	011-231-0975	271-0904	名古屋駅前	愛知県第二官報販売所（共同新聞販売）	052-561-3578	571-7450
青　森	青森県官報販売所（成田本店）	017-723-2431	723-2438	津	三重県官報販売所（別所書店）	059-226-0200	253-4478
盛　岡	岩手県官報販売所	019-622-2984	622-2990	大　津	滋賀県官報販売所（澤五車堂）	077-524-2683	525-3789
仙　台	宮城県官報販売所（仙台政府刊行物センター内）	022-261-8320	261-8321	京　都	京都府官報販売所（大垣書店）	075-746-2211	746-2288
秋　田	秋田県官報販売所（石川書店）	018-862-2129	862-2178	大　阪	大阪府官報販売所（かんぽう）	06-6443-2171	6443-2175
山　形	山形県官報販売所（八文字屋）	023-622-2150	622-6736	神　戸	兵庫県官報販売所	078-341-0637	382-1275
福　島	福島県官報販売所（西沢書店）	024-522-0161	522-4139	奈　良	奈良県官報販売所（啓林堂書店）	0742-20-8001	20-8002
水　戸	茨城県官報販売所	029-291-5676	302-3885	和歌山	和歌山県官報販売所（宮井平安堂内）	073-431-1331	431-7938
宇都宮	栃木県官報販売所（亀田書店）	028-651-0050	651-0051	鳥　取	鳥取県官報販売所（鳥取今井書店）	0857-51-1950	53-4395
前　橋	群馬県官報販売所（煥乎堂）	027-235-8111	235-9119	松　江	島根県官報販売所（今井書店）	0852-24-2230	27-8191
さいたま	埼玉県官報販売所（須原屋）	048-822-5321	822-5328	岡　山	岡山県官報販売所（有文堂）	086-222-2646	225-7704
千　葉	千葉県官報販売所	043-222-7635	222-6045	広　島	広島県官報販売所	082-962-3590	511-1590
横　浜	神奈川県官報販売所（横浜日経社）	045-681-2661	664-6736	山　口	山口県官報販売所（文栄堂）	083-922-5611	922-5658
東　京	東京都官報販売所（東京官書普及）	03-3292-3701	3292-1604	徳　島	徳島県官報販売所（小山助学館）	088-654-2135	623-3744
新　潟	新潟県官報販売所（北越書館）	025-271-2188	271-1990	高　松	香川県官報販売所	087-851-6055	851-6059
富　山	富山県官報販売所（Booksなかだ掛尾本店）	076-492-1192	492-1195	松　山	愛媛県官報販売所	089-941-7879	941-3969
金　沢	石川県官報販売所（うつのみや）	076-234-8111	234-8131	高　知	高知県官報販売所	088-872-5866	872-6813
福　井	福井県官報販売所（勝木書店）	0776-27-4678	27-3133	福　岡	福岡県官報販売所	092-721-4846	751-0385
					・福岡県庁内	092-641-7838	641-7838
甲　府	山梨県官報販売所（柳正堂書店）	055-268-2213	268-2214		・福岡市役所内	092-722-4861	722-4861
長　野	長野県官報販売所（長野西沢書店）	026-233-3187	233-3186	佐　賀	佐賀県官報販売所	0952-23-3722	23-3733
岐　阜	岐阜県官報販売所（郁文堂書店）	058-262-9897	262-9895	長　崎	長崎県官報販売所	095-822-1413	822-1749
				熊　本	熊本県官報販売所	096-354-5963	352-5664
				大　分	大分県官報販売所（大分図書）	097-532-4308	536-3410
						097-553-1220	551-0711
静　岡	静岡県官報販売所	054-253-2661	255-6311	宮　崎	宮崎県官報販売所（田中書店）	0985-24-0386	22-9056
名古屋	愛知県第一官報販売所	052-961-9011	961-9022	鹿児島	鹿児島県官報販売所	099-285-0015	285-0017
豊　橋	・豊川堂内	0532-54-6688	54-6691	那　覇	沖縄県官報販売所（リウボウ）	098-867-1726	869-4831

◎政府刊行物センター（全国官報販売協同組合）

	〈電話番号〉	〈FAX番号〉
霞が関	03-3504-3885	3504-3889
仙　台	022-261-8320	261-8321

各販売所の所在地は、コチラから→ https://www.gov-book.or.jp/portal/shop/